U0668793

幸福中国–智慧健康设计丛书　总主编　唐文

适老化
服务系统设计

AGING-FRIENDLY
SERVICE SYSTEM DESIGN

主　编　唐　文　李晶涛　汪　东　**副主编**　魏　勇　杨宇锋　张琰琰

参　编　梁宇琪　尚嘉鸣　李　兰　汪安宁　周　天　韩　慧　余　韵

　　　　李欣怡　金雨欣　刘旺悦　卓思艺　张雪航　何　袁　高庭仪

　　　　万妍彦　吴红梅　丁可人　蒲　阳　鲁　杨　邓玥如　黄　俊

华中科技大学出版社
http://press.hust.edu.cn
中国·武汉

内 容 提 要

　　本书系统探讨了老龄化社会背景下的适老化服务系统设计，还深入分析了适老化服务系统的评估与迭代方法。从老龄化社会面对的挑战到老年人生理与心理特征，再到系统设计原则、界面与交互设计，本书内容层层递进，并融入智能技术的最新应用。本书通过丰富的案例研究与未来展望，不仅提供了实用的设计指导，更引领读者思考如何构建更加智能、便捷的适老化服务系统，以应对社会老龄化的挑战。

　　本书是"华中师范大学一流本科建设专项资助项目"成果，适合学术研究者、行业从业人员、公益组织与社区工作者使用，也可作为研究生、本科生、高职大专、继续教育与职业培训层次的老年学、建筑学、设计、护理、生物医学工程、社会学、公共管理等专业的教材。

图书在版编目（CIP）数据

适老化服务系统设计 / 唐文，李晶涛，汪东主编 .-- 武汉：华中科技大学出版社，2025. 5. -- ISBN 978-7-5772-1687-4

Ⅰ . TB472；D669.6

中国国家版本馆 CIP 数据核字第 2025WT0718 号

适老化服务系统设计

Shilaohua Fuwu Xitong Sheji

唐文　李晶涛　汪东　主编

策划编辑：金　紫
责任编辑：白　慧
装帧设计：金　金
责任监印：朱　玢
出版发行：华中科技大学出版社（中国•武汉）　　电　　话：（027）81321913
　　　　　武汉市东湖新技术开发区华工科技园　　邮　　编：430223
录　　排：天津清格印象文化传播有限公司
印　　刷：湖北新华印务有限公司
开　　本：889mm×1194mm　1/16
印　　张：12
字　　数：345 千字
版　　次：2025 年 5 月第 1 版第 1 次印刷
定　　价：88.00 元

本书若有印装质量问题，请向出版社营销中心调换
全国免费服务热线 400-6679-118 竭诚为您服务
版权所有 侵权必究

在新时代的浩荡洪流中，老龄化问题已成为全球共同面临的重大挑战。党的二十大报告明确提出实施积极应对人口老龄化的国家战略，彰显了国家对老龄事业的高度重视与深远规划。在此背景下，适老化设计承载着前所未有的历史使命与社会责任。《适老化服务系统设计》一书的出版，正是对这一时代命题的积极响应与深度探索，旨在将社会主义核心价值观融入设计实践，大力弘扬尊老敬老的传统美德，着力培养兼具社会责任感与人文关怀精神的设计人才。

本书紧密围绕老龄化社会的核心议题精心构建内容体系。开篇即深刻剖析老龄化社会的全球趋势与挑战，为读者全面勾勒出适老化服务系统设计的宏观背景与深远意义。在此基础上，详细且系统地阐述了适老化服务的定义、重要性，以及相关政策、法规、数据安全与隐私保护的综合考量，构建起一个全面且深入的知识框架。随后，本书深入探讨了老年人的生理与心理特征，多维度分析其身体机能、认知与感知能力、心理需求及社会角色的变化，为设计实践提供了坚实的理论基础，并揭示了老年群体的独特需求与挑战，强调了人性化关怀与差异化设计在适老化服务系统设计中的核心地位。在探讨适老化服务系统设计的核心原则时，本书从通用设计、无障碍设计、安全性与易用性、尊重性与包容性等多个角度展开，深入剖析并体现了设计的人文关怀与伦理考量，为设计决策提供了明确而具体的方向。此外，本书还通过对科学方法与工具的介绍，引导读者深入了解老年用户的需求与偏好，为设计实践提供了精准的定位与指导。同时，探讨了界面设计与交互体验优化的关键要素，包括视觉元素设计、操作流程简化与预测性设计等，旨在全方位提升老年用户的使用体验与满意度。

智能技术的飞速发展，为适老化服务系统的创新提供了无限可能。本书紧跟时代步伐，深入探讨了物联网、人工智能、智能家居等前沿技术在适老化服务系统中的创新融合。这些技术的应用不仅为老年人提供了更加便捷、高效的服务体验，更为适老化服务系统的智能化、个性化发展开辟了广阔空间。

本书的编写汇聚了众多在老龄化研究、设计学、信息技术等领域具有深厚造诣的专家学者之力。他们凭借丰富的实践经验与敏锐的学术洞察力，共同将最新的研究成果与实践经验融入书中，为读者呈现了一本既具有学术深度又具备实用价值的精品之作。在此，我们向所有为本书付出辛勤努力的同仁致以由衷的感谢与崇高的敬意。

展望未来，我们坚信，《适老化服务系统设计》将成为推动老龄事业蓬勃发展的关键驱动力，为构建老年友好型社会注入智慧与活力。同时，我们也期待更多有志之士加入适老化服务这一行列，携手并进，为老年群体的福祉与社会的和谐发展贡献力量。

幸福中国 - 智慧健康设计丛书总主编

华中师范大学美术学院设计系副教授

美国密苏里大学哥伦比亚校区（MU）老龄化社会研究中心（ASRC）访问学者

华中师范大学智慧养老设计研究中心负责人、武汉市养老服务产业协会顾问专家

2025 年 5 月

目录

catalogue

组合收纳

组合收纳

厨具排列

防水帘

底部留空

双推拉门

收纳

1.5m回转

回转 可替换部分

老人卧室设计

厨房设计

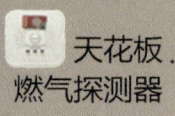

天花板
燃气探测器

智能睡眠监测

感烟探测器

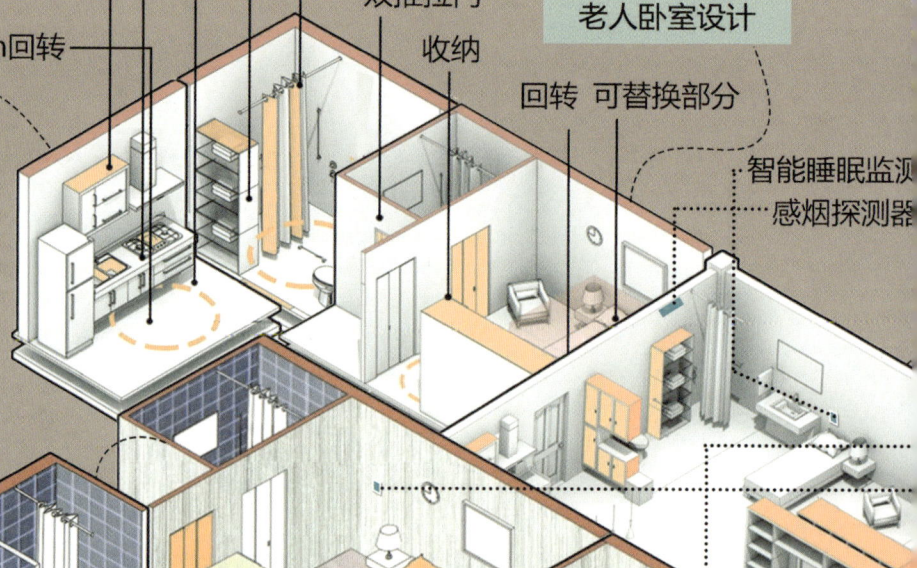

洗手台水浸探测器

智能手表
出门佩戴

卫生间部品设计

温湿度探测仪

组合收纳

扶手

坐凳

底部留空

1.5m回

入户门磁开关

玄关部品

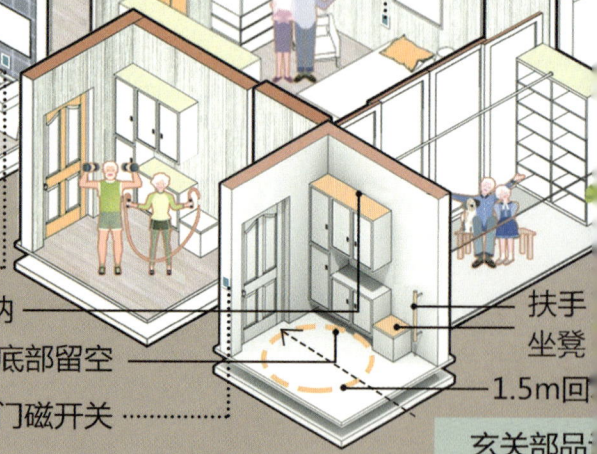

第一章

老龄化社会与适老化服务概述

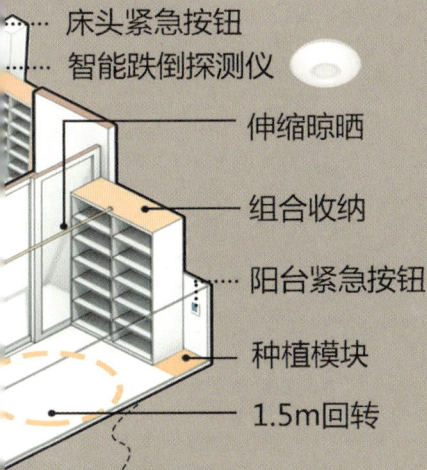

收纳体系设计

人体红外探测器

床头紧急按钮
智能跌倒探测仪

伸缩晾晒

组合收纳

阳台紧急按钮

种植模块

1.5m回转

阳台设计

- 全球老龄化的趋势与挑战
- 适老化服务的定义与重要性
- 适老化服务相关政策与法规、数据安全与隐私保护
- 伦理原则在适老化服务设计中的应用

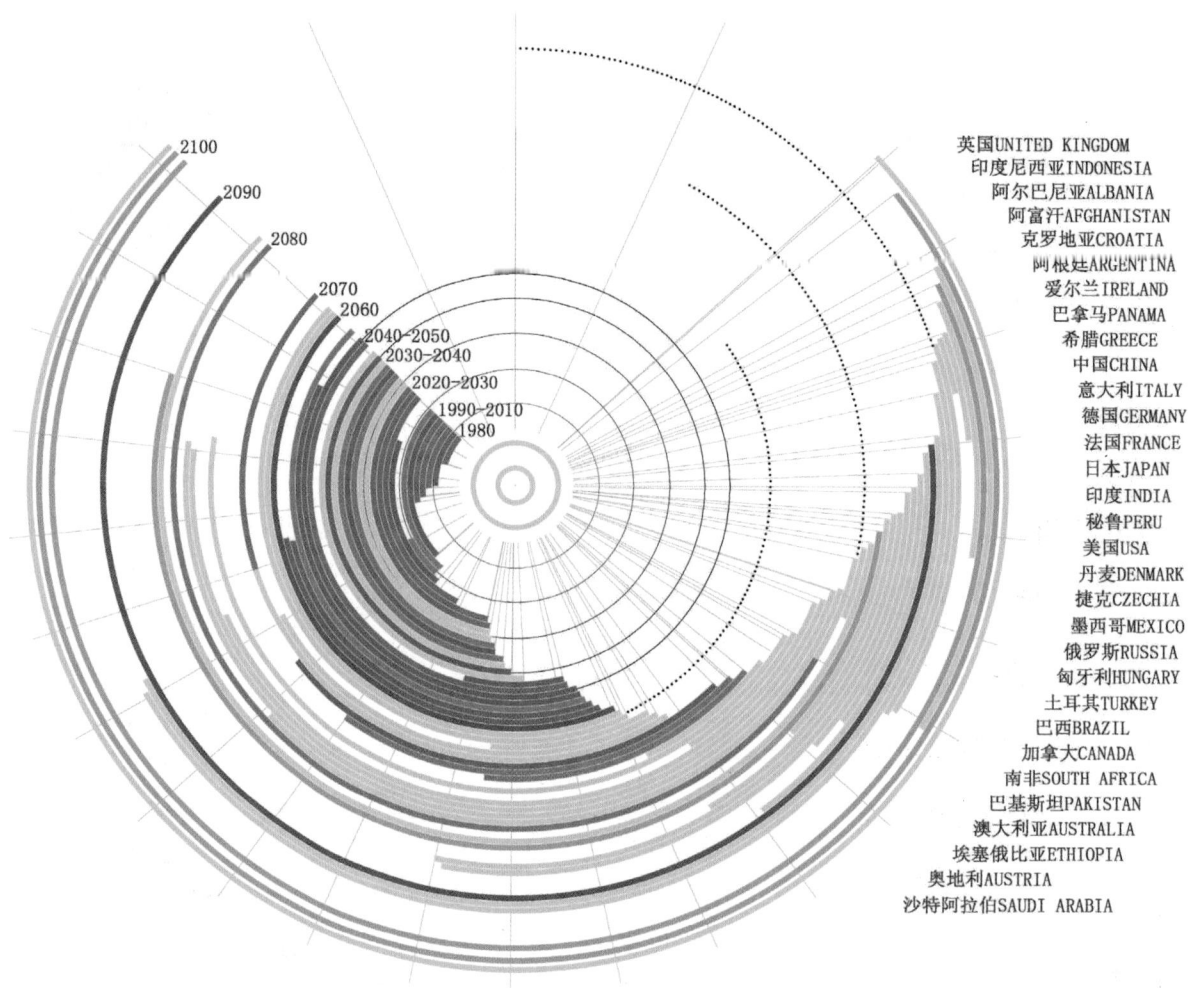

图 1-1 全球老龄化趋势

一、全球老龄化的趋势与挑战

（一）全球老龄化的趋势

1. 全球老龄化的现状

詹姆斯·希尔曼（James Hillman）曾深刻指出："二十一世纪或许不会因生态意识而变得绿色，但它无疑将因人口老龄化而变得灰白。"2024年全球老龄化现状引人关注，老年人口数量占比呈现显著增长，这一趋势在各国均有体现，但影响程度和速度因国家而异。根据联合国及多个权威机构的最新数据，65岁及以上老年人口数量迅速攀升，特别是欧洲发达国家，老年人口占比居高不下且持续增长，对社会经济结构产生深远影响，与此同时，中国、日本、俄罗斯等人口大国也已步入或接近人口峰值，其中老年人口占比亦不容忽视。

2. 全球老龄化的发展

全球老龄化进程正急剧加速，联合国人口司预测，未来三十年内65岁及以上老年人口数量将增加一倍，预计至2050年，该年龄段人口将占全球人口的16%～22%。全球老龄化趋势在各个地区会有所不同，但总体处于增长趋势（见图1-1）。而在人口结构相对年轻的非洲地区，65～80岁年龄段人口比例的增长速度显著快于欧洲和北美，分别达到前者的两倍和后者的三倍。此外，2025年至2054年间，预计有48个国家的人口规模将达到历史峰值，包括巴西、伊朗、土耳其等国家在内。尽管目前多数已达人口峰值的国家集中在欧洲，但在未来30年内，拉丁美洲和加勒比地区将成为人口分布最为集中的区域。展望未来，全球人口总数预计将在2080年达到约103亿的峰值，这一数字相较于2024年的82亿有显著增长。

（二）全球老龄化的挑战

1. 全球老龄化带来的机遇

全球老龄化的加速正深刻改变着社会、经济与文化的面貌，为银发经济等新领域带来前所未有的发展机遇。随着人口结构的变化，老年产业及其服务消费不断扩展，银发经济日益成为推动经济发展的新引擎。此外，人口老龄化还促使养老保险基金规模扩大，商业保险种类增多，为资本市场提供了长期稳定的资金源泉，助力其多层次健康发展。这一趋势也推动企业产业结构由劳动密集型向技术、资本、信息密集型转变，为经济发展注入新的活力。

2. 全球老龄化带来的危机

全球老龄化正逐步加剧社会负担，表现为非生产性人口的经济占比上升、养老资源日益紧张，以及医疗保健需求的激增。这一现象深刻影响着潜在经济增长率与社会创新能力，对劳动力供给、资本积累以及劳动生产率构成负面挑战，进而阻碍经济增长潜力的提升。人口老龄化的结果必然是劳动力供给的缩减，潜在经济增长率面临显著下行压力。在养老保障体系方面，老年人口抚养比持续攀升，加大了社会保障和公共服务压力，养老金的供需失衡问题愈发凸显，成为亟待解决的社会难题。

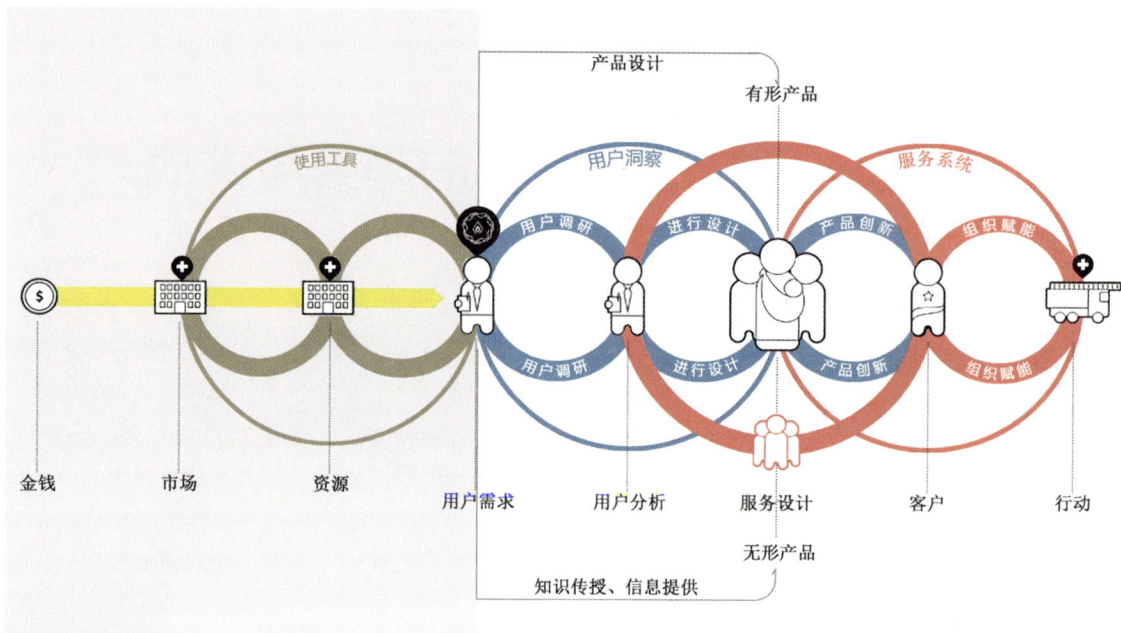

图1-2 服务设计定义

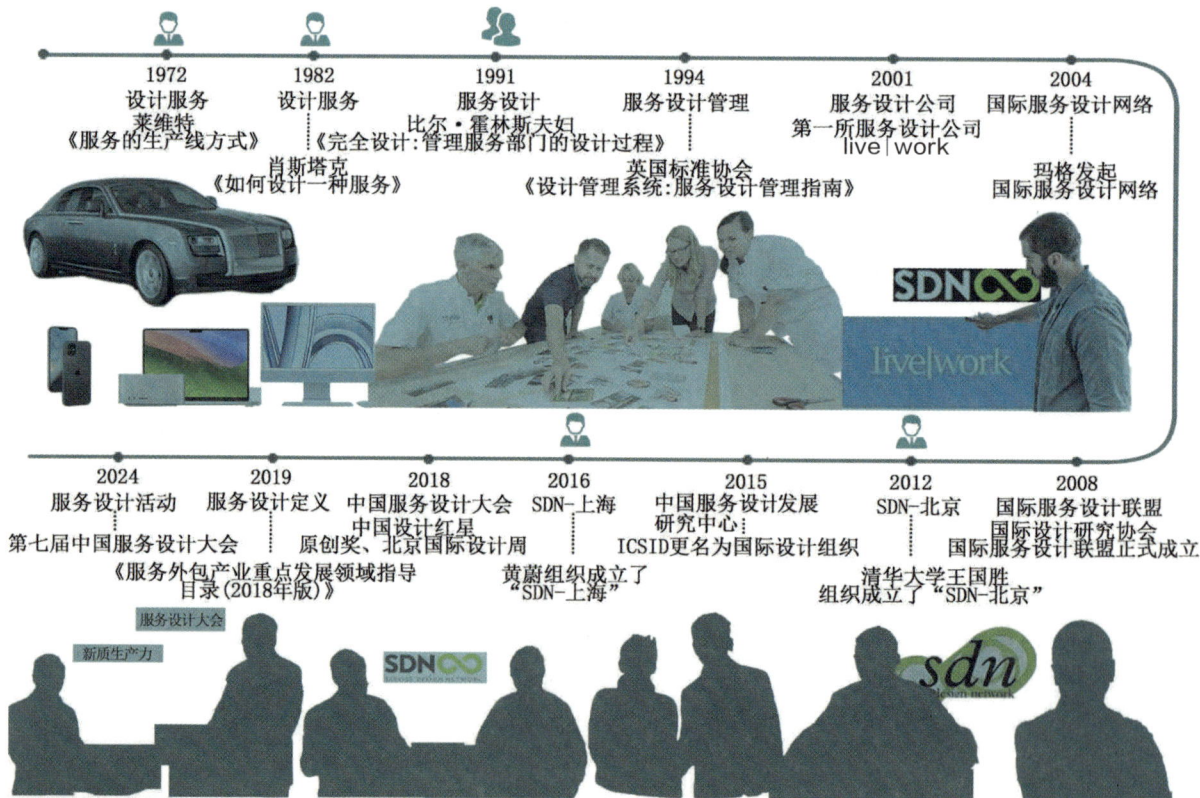

图1-3 服务设计发展脉络

二、适老化服务的定义与重要性

（一）适老化服务的定义

1. 适老化服务的概念阐述

适老化服务从老年用户角度来设置服务的功能和形式。服务是指用户和一个组织之间的互动过程，并且用户在这个过程中受益。服务被称为"无形的产品"，包括（大众）注意力、建议、方式、体验和情感化劳动付出。适老化服务于老龄化背景下产生，以老年用户为中心，将服务设计作为一种系统性思维，应用于设计实践以提出综合性的适老化改造解决方案（见图1-2）。

2. 适老化服务的研究脉络

1991年，比尔·霍林斯（Bill Hollins）夫妇在其著作《完全设计：管理服务部门的设计过程》中，从设计学视角正式提出"服务设计"这一术语。1994年，英国标准协会颁布了全球首部针对服务设计管理的指导标准——《设计管理系统：服务设计管理指南》。2001年，英国诞生了首家服务设计公司Live|Work。2008年，芬兰阿尔托大学成立了服务工厂（Service Factory），同年，国际服务设计联盟（SDN）正式成立，成为服务设计从业者与学术研究者的重要国际组织和交流平台。2012年，清华大学王国胜教授组织成立了"SDN-北京"，致力于服务设计理念的引入与推广。2015年，中国服务设计发展研究中心成立。2016年，王国胜教授联合多校举办了"服务设计教学研究论坛"并持续至今。2024年，中国服务设计大会已经成功举办至第七届，成为国内服务设计领域的重要盛会。（见图1-3）

（二）适老化服务的重要性

1. 适老化服务的影响

（1）大数据驱动适老化服务。

数智时代的到来，促使大数据在适老化服务设计领域的应用日益广泛。依托数据处理和算法设计进行技术创新融合，实现对数据的深度挖掘与分析，为老年用户提供更加个性化、智能化及高效便捷的服务体验。大数据驱动的适老化服务设计具备更好的情境感知，更强调人机融合，注重利用人类智慧和技术的支持来创造更好的适老化服务体验。由Seohee Lee等设计师所设计的智能核桃保健球，借用核桃手按摩球的概念来解决健康问题，通过精准捕捉用户的抓取力与握手状态，全面收集并分析健康数据（见图1-4），为老年用户的健康管理提供有力支持。

（2）人工智能驱动适老化服务。

在数字技术支撑下，人工智能成为推动适老化服务全面升级的核心动能，在内容生产、情境创新、体验升级和智慧服务方面展现出前所未有的优势。云计算技术的快速发展，为人工智能算法提供了更加科学精准的数据支撑和强大的运算能力，确保服务的智能化与精准化。人工智能驱动的适老化服务系统，不仅能敏锐洞察老年人的需求，还能及时调整并创新服务手段和方式，为适老化服务创新提供更加高效和精准的支持。

2. 适老化服务的意义

目前养老规范和标准化体系尚不完善，适老化服务发展面临诸多现实困境，许多适老化产品和服务与老年群体的实际需求脱节，同时专业人才缺失也制约了养老行业服务水平和质量的提升。将适老化服务作为一种系统性思维运用到公共事务和政策制定中，能够提出综合性的适老化解决方案，其强调以用户为中心，能够从全局的角度构建适老化的产品服务系统，进而提升用户体验。

图 1-4 智能核桃保健球

表 1-1 国内外发展适老化服务的政策法规

中国发展适老化服务的政策法规		
类型	时间	政策法规名称及内容
通知	2011 年	《国务院办公厅关于印发社会养老服务体系建设规划（2011—2015 年）的通知》 提出"优先发展社会养老服务"的要求，运用现代科技成果，提高服务管理水平和质量
	2017 年	《国务院关于印发"十三五"国家老龄事业发展和养老体系建设规划的通知》 丰富养老服务业态，繁荣老年用品市场，增加老年用品供给，提升老年用品科技含量
	2022 年	《国务院关于印发"十四五"国家老龄事业发展和养老服务体系规划的通知》 大力发展银发经济，加强老年用品研发制造与智能化升级，推广智慧健康养老产品应用
意见	2016 年	《国务院办公厅关于全面放开养老服务市场提升养老服务质量的若干意见》 全面放开养老服务市场，大力提升居家社区养老生活品质，全力建设优质养老服务供给体系
	2019 年	《国务院办公厅关于推进养老服务发展的意见》 促进养老服务高质量发展，持续推动智慧健康养老产业发展，拓展信息技术在养老领域的应用
	2023 年	中共中央办公厅、国务院办公厅印发《关于推进基本养老服务体系建设的意见》 制定落实基本养老服务清单，提高基本养老服务供给能力，提升基本养老服务便利化可及化水平
国外发展适老化服务的政策法规		
类型	时间	政策法规名称及内容
法案	1963 年	日本颁布《老人福利法》 提出有关老年人福利机构和设施的建设规范，建立老年养护服务设施和上门护理制度
	1965 年	美国颁布《美国老年人法》 健全适老化相关服务，保护老年人社会福利权益，促进老年人的健康照护
	1980 年	瑞典颁布《社会服务法案》 政府构建功能完善、内容丰富、服务细致的适老化养老服务体系，满足多样化服务需求
	1994 年	德国颁布《护理保险法》 大力发展依托社区的养老护理服务，强化养老护理服务规范管理，提升服务专业化水平
	2007 年	法国颁布养老规划《安度晚年（2007—2009）》和《高龄互助（2007—2012）》 组建"银发经济协会"，鼓励养老服务券和养老机构的发展，并积极推销相关产品和服务

三、适老化服务相关政策与法规、数据安全与隐私保护

（一）适老化服务相关政策与法规

1. 国内发展适老化服务的政策法规

在人口老龄化加速发展的背景下以及供给侧结构性改革的要求下，中国政府高度重视并积极应对社会结构转变带来的挑战与机遇，不断加强适老化服务的管理与立法工作，将积极老龄观、健康老龄化理念融入经济社会发展全过程，加快建立健全适老化服务相关政策体系和制度框架，引入更多的专业人才和技术手段，提升适老化服务效率，推动老龄事业高质量发展。（见表1-1）

2. 国外发展适老化服务的政策法规

随着全球老龄化问题日益严重，许多发达国家在适老化服务的立法及服务体系建设方面已经取得显著进展，形成了相对完善且高效的养老服务体系，其不仅注重提升养老机构的质量和服务水平，还通过一系列详尽的法规和政策，明确了政府和社会在老年人照顾和服务方面的具体职责，确保老年人能够享受到全面、优质、贴心的服务。（见表1-1）

（二）适老化服务数据安全与隐私保护

1. 适老化服务中的数据安全

《中华人民共和国数据安全法》规定：数据安全是指"通过采取必要措施，确保数据处于有效保护和合法利用的状态，以及具备保障持续安全状态的能力"。数字化时代，大数据与云计算技术迅猛发展，已成为推动社会进步与产业升级的关键驱动力。大数据与人们的生活和生产有着密切关系，加强数据安全保护具有深远的历史意义和迫切的现实意义，应该在大数据环境下将数据安全保护提上日程，制定相关法律法规，有效维护行业规范，要构建适合大数据生态体系的多层次、立体动态的安全技术架构，从物理安全、数据安全、应用安全及网络安全等多个层面综合保障大数据应用系统的安全，要建立完善的密钥管理体系，对敏感数据进行强制加密，并及时更新加密策略和技术。大数据应用组织和机构还需加强内部管理，需要根据数据的敏感性，制定严格的访问控制策略，共建安全、健康、可持续的大数据生态环境。

2. 适老化服务中的隐私保护

隐私保护是指通过制定合理的政策和技术措施，保护个人隐私信息不被未经授权的人或机构获取、使用、泄露和滥用。数据隐私保护是指企业对敏感数据进行保护的措施。随着人工智能技术的迅猛发展和社交媒体、智能终端的普及，对用户个体数据的获取变得前所未有的便捷，但同时也使得公民的敏感数据在不经意间被收集并存储在互联网数据库中，对个人隐私构成了严重威胁。隐私保护不仅关乎信息泄露，更涉及对个人行为喜好未经授权的预测和利用。在数据采集阶段可应用数据脱敏技术，通过数据替换、插入随机值、使用平均数或者混淆等方式，将原始数据进行模糊化或者屏蔽部分信息；在数据传输阶段需要采用适当的加密技术；在数据存储和分析阶段，既需要采用数据加密、密文检索等安全技术实现安全存储，在对外发布数据前还要采用匿名化技术处理，消除网络用户个体特征属性，从而隐匿其信息，确保任何一个数据项无法直接关联到特定的个体。

通过视觉传达方式建立有序、和谐的"人"的生活方式

文明礼貌、遵纪守法

行为准则

和谐发展、共生共存

设计与自然之间的关系

设计活动

设计活动

自由自治、爱国主义

社会规范

实用、经济、美观为设计三原则
伦理原则为第四原则

人与自然之间的关系

可持续发展、绿色环保

设计伦理

社会关系

伦理意识

道德准则

是非善恶、公平正义

以自律形式影响设计者的价值判断
实现设计的伦理价值

人与人之间的关系

人权尊严、以人为本

规划设计、建筑设计、景观设计、产品设计

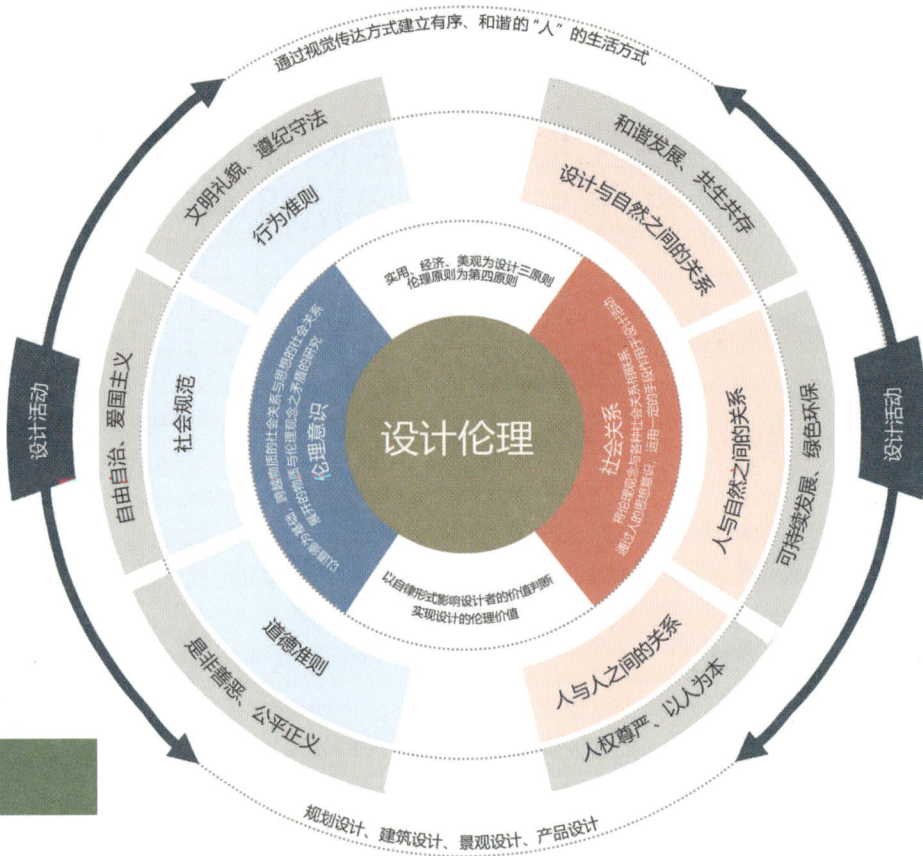

图1-5 伦理原则的定义

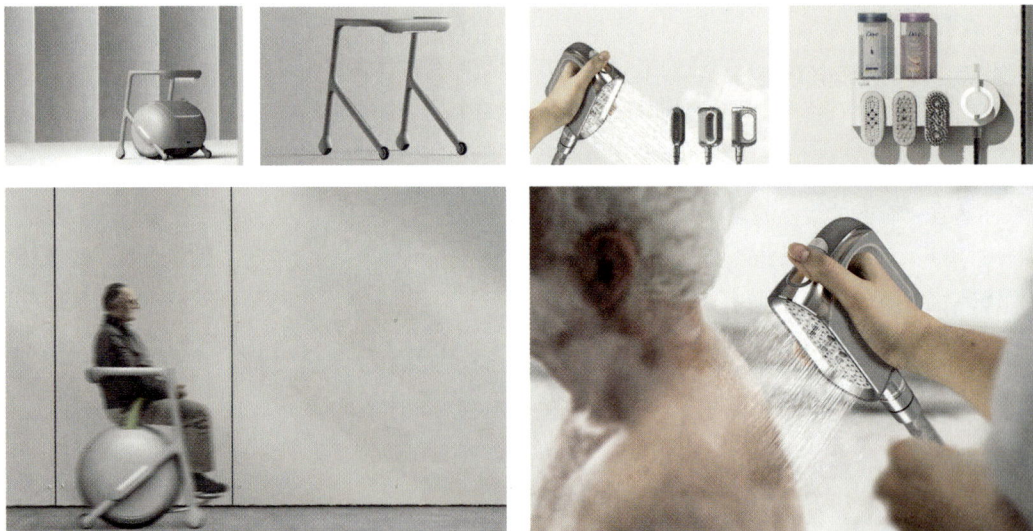

图1-6 Cobi 可拆卸自动驾驶轮椅

图1-7 模块化 Cloud 淋浴系统

四、伦理原则在适老化服务设计中的应用

（一）设计伦理的定义

1. 设计伦理的概念阐述

设计伦理是将伦理观念与各种社会关系相联系，借助人的思想意识，采用恰当的方法引导设计活动。"伦"即"类"，"理"即"纹理"，继而引申为一切有条理、有脉络可循的道理。伦理是我们根据一定的价值体系进行决策和行动的指导标准，是人类基于理性认识，就社会关系制定的标准。设计伦理是根植于道德关系，跨越物质世界（即设计活动）与社会关系及思想领域的界限，展开的物质与伦理观念之矛盾的研究，其内涵涵盖从微观伦理到宏观伦理的各种层次，其任务是运用一定的伦理学观念和发展规律，基于人、特定条件与环境，正确设置行为准则与社会规范实物，通过物质的人工设计，从道德观念上求得人类社会的共同生存、平等，给予人类社会容易接受的造物实体，并促进整个社会道德观念的进步（见图1-5）。

2. 设计伦理的理性思考

实用、经济、美观一直被认为是设计的三条基本原则，根据历史的演绎与现实的考察，对原有的设计原则进行检视与反思，从价值构成的层面提出第四条原则——伦理原则。设计伦理不仅涵盖纯粹的理论分析，全面梳理了相关思想的发展脉络，还深入到设计的伦理实践层面，实现了理论智慧与实践智慧的紧密结合。设计的伦理原则表现为从伦理道德的高度出发，以"人"为核心，借助视觉传达的媒介，构建有序、和谐的人类生活方式。伦理原则以伦理道德作为出发点和理论依据，从理论上确定了其思想的高度及深度，确定了设计伦理的道德属性。它倡导在设计过程中进行人性化思考，将伦理道德置于思想引领的地位，更多地聚焦于美德伦理的探索，即优良道德的实现。

（二）伦理原则在适老化服务设计中的应用

1. 伦理原则在适老化服务设计中的贯彻与执行

伦理原则以自律的形式影响着设计者的价值判断与价值选择。设计者的道德认识融入设计理念之中，并在设计的各个环节自觉地用符合道德标准与规范的思想督促自己的行动，从而实现设计的伦理价值。伦理道德以一种"应然"的形式作用于社会，通过加强设计伦理教育和不断完善价值观念，可使之成为社会结构与经济结构中人类共同的自觉追求。为了进一步提升设计的伦理价值，需要着重提高设计人员的道德水平和职业道德素质，使其自觉地规范行为，确保设计活动符合具有伦理价值的职业标准与要求。

2. 伦理原则应用于适老化服务设计的案例

Cobi可拆卸自动驾驶轮椅由设计师Hyeon Park、Haeun Jung、Hyuntae Kim、Sookyoung Ahn等设计。其设计目的一是促进老年人群生活态度的正向转变，二是改变社会对老年人所持有的偏见——在自由出行上老年群体常被视为一种负担。Cobi可拆卸自动驾驶轮椅凭借其自主移动性和即时制动的车载按钮，无须人工干预即可运行，方便用户前往乘车无法到达的区域（见图1-6）。

针对老年群体，尤其是失能老人在日常沐浴中面临的困境，Dongje Park充分考虑其需求，设计了带有三个模块的云朵(Cloud)淋浴系统。第一个模块是尼龙毛刷，专用于头皮清洗或清洁脚底的坚硬皮肤。第二个模块具有均匀的硅胶刷毛，专为难以触及的背部或头皮区域提供按摩。第三个模块由柔软海绵材料制成，提供深层清洁功能。该淋浴系统还集成了LED、颜色编码的温度控制阀，只需按下按钮即可分配洗漱产品（见图1-7）。

厨房设计

组合收纳
组合收纳
厨具排列
防水帘
底部留空
双推拉门
1.5m回转
收纳
回转
可替换部分

老人卧室设计

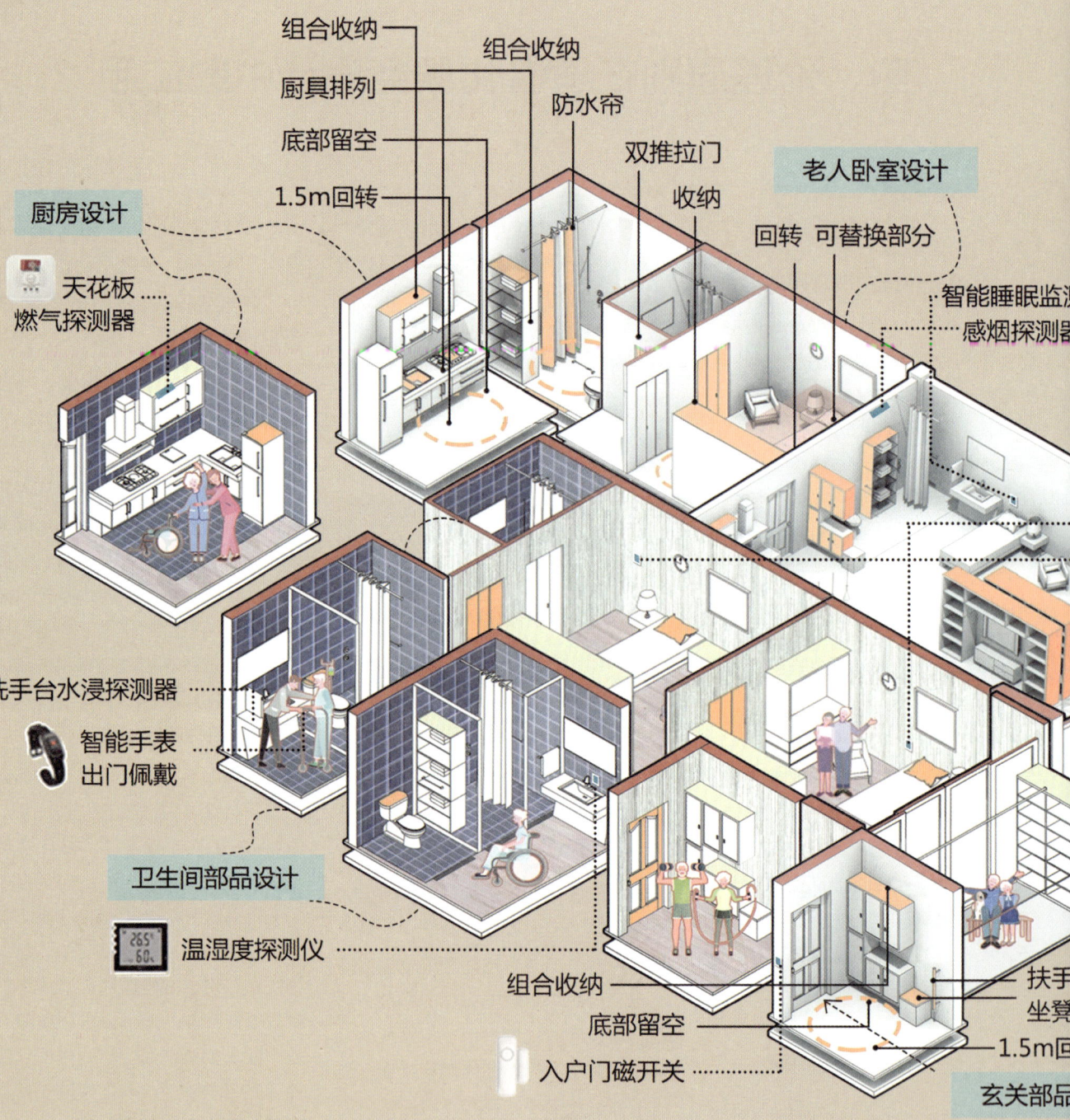

天花板
燃气探测器

智能睡眠监测
感烟探测器

洗手台水浸探测器

智能手表
出门佩戴

卫生间部品设计

温湿度探测仪

组合收纳

扶手

坐凳

底部留空

1.5m回

入户门磁开关

玄关部品

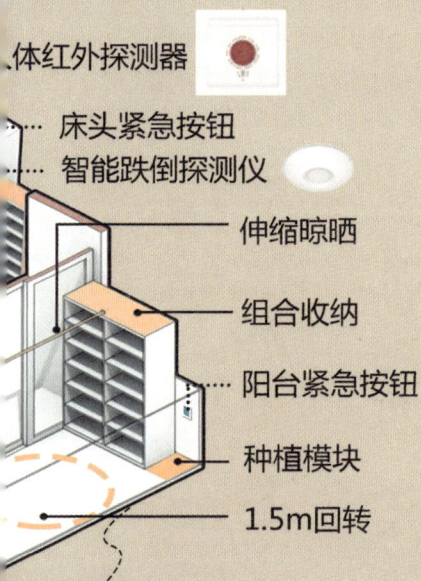

纳体系设计

人体红外探测器

床头紧急按钮
智能跌倒探测仪

伸缩晾晒

组合收纳

阳台紧急按钮

种植模块

1.5m回转

阳台设计

第二章

老年人生理与心理特征分析

- 老年人身体机能变化及影响
- 感知与认知能力的变化
- 情感特征与心理需求
- 社会角色与交往模式的变化

身体的老化：正常现象

在衰老过程中，老年人生理功能变化是一个持续、渐进的自然改变过程，在各组织器官有不同程度体现。

生理系统	衰退器官	表现特征
神经系统	脑、脊髓、脑神经、脊神经、植物性神经、各种神经节	↓脑重量 ↓脑细胞 ↓脑血流量和氧耗量 ↓神经传递介质 智力减退、健忘、注意力不集中、睡眠障碍、动作迟缓、痴呆等
免疫系统	T细胞、B细胞	↓对新抗原有反应的白细胞量 ↓补体蛋白量 ↓淋巴细胞转化率 易患肺炎、流感、感染性心内膜炎 ↑肿瘤 ↑死亡率
循环系统	心脏、血管	心肌细胞纤维化 ↓心肌兴奋性、传导性和收缩性，易心律不齐和功能不全 动脉粥样硬化，动脉内壁增厚、弹性减弱 ↓血压和血容量感受器
呼吸系统	上呼吸道、气管、支气管、肺	↓肺通气和换气功能 ↓呼吸道防御功能，易引发胸闷、气短、咳嗽、呼吸道阻塞，导致呼吸系统和肺部感染，引起呼吸衰竭
消化系统	口腔、食道、胃、肠、肝脏、胆囊、胰腺、肛门	牙龈萎缩 ↓唾液分泌 ↓咀嚼力 ↓食欲 ↓胃肠运动，铁吸收障碍，排空迟缓 肝体积缩小，各种酶活性减弱 ↓解毒功能，影响药物代谢
运动系统	骨骼、关节、肌肉	↑骨内水分 ↓碳酸钙，骨质疏松，易发生腰酸腿痛、骨折、骨质畸形 关节软骨和韧带钙化、纤维化，肌肉韧带萎缩，反应迟钝、笨拙
泌尿系统	肾、输尿管、膀胱、尿道	肾动脉硬化 ↓肾血流量 ↓酸、碱和水电解质代谢 膀胱肌萎缩，易出现尿频、尿失禁，易受药物毒性作用损伤
内分泌系统	下丘脑、垂体、甲状腺、肾上腺、胸腺、性腺、胰岛	↓内分泌腺体刺激反应 ↓垂体重量 ↓甲状腺合成及分泌 ↓机体应激能力 ↓性腺活动 ↓胰岛素分泌，各功能敏感性降低，形成恶性循环

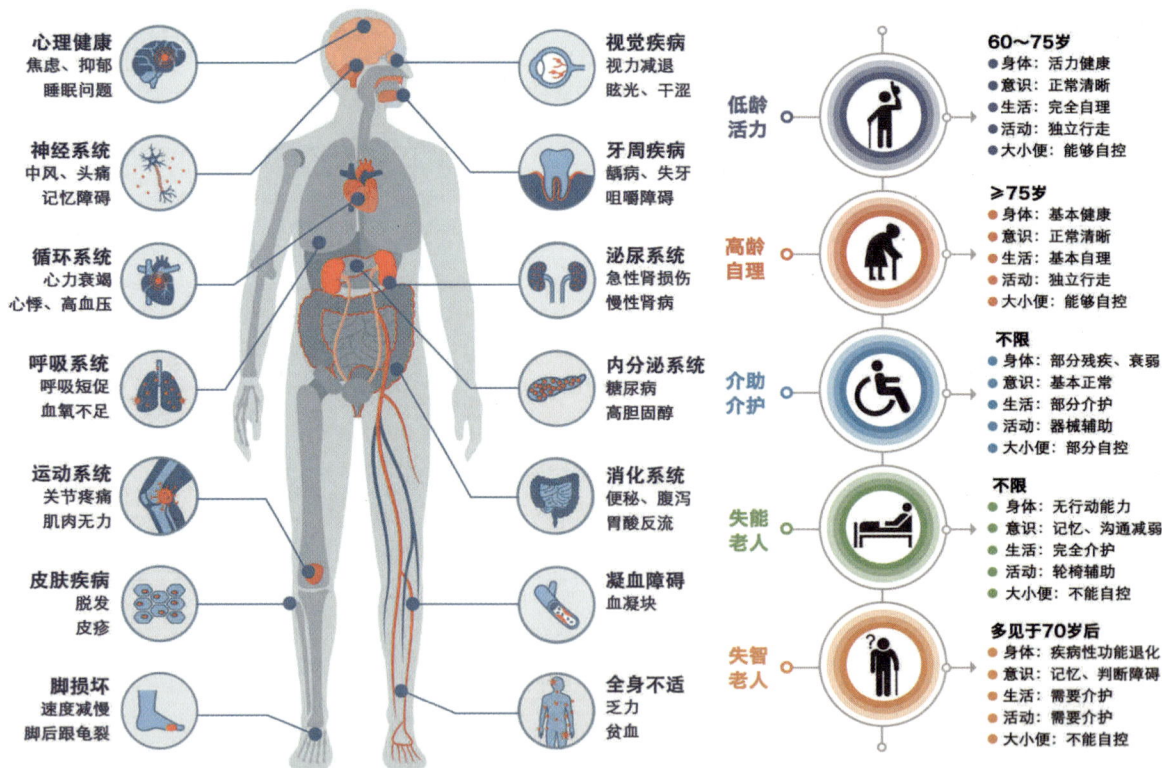

图 2-1 老年人生理变化特征及类型分析

一、老年人身体机能变化及影响

人体内部自然发生的老化是一个持续、渐进的复杂自然过程，并非偶然突发的现象。伴随着老年人生理性衰老的逐步推进，从个体形态到身体组织器官的成分与功能均会发生转变，这些变化在不同程度上对老年人的晚年生活质量产生了深远的影响，导致他们的身心机能逐渐减弱，患病和死亡的风险也随之升高。

（一）衰老的生理变化与影响

1. 老年人身体机能变化特征

生理性衰老这一自然现象，主要表现为人体的八大系统——神经系统、免疫系统、循环系统、呼吸系统、消化系统、运动系统、泌尿系统及内分泌系统的退行性变化与功能衰退。这是一种基因表达和细胞功能在形态、功能及代谢等方面逐步发生一系列生理改变的自然现象。这些变化虽然细微而缓慢，却会累积成巨大的影响，深刻塑造了老年人的身体状况。

2. 老年人身体状况类型

老年状态的多样性是基于老年人身体功能和健康水平的显著差异而决定的。事实上，老年人身体机能的退化速度并不完全与年龄增长成正比，而是受到遗传、生活方式及环境条件等多种因素的综合影响，是一个多维度的考量，充满了个体差异和不确定性。（见图 2-1）

（1）低龄健康老年人：年龄在 60 ~ 75 岁之间的老年人，身体基本保持健康状态，日常生活能够完全自理，同时保持良好的思维、判断和沟通能力。这类老年人积极自主参与各类社会活动，享受着充实而健康的晚年生活。

（2）高龄自理老年人：年龄 ≥ 75 岁的老年人，生活依然能够基本自理，慢性病也处于稳定状态。这类老年人意识清晰，能够控制大小便，能独立行走，并保持着正常的思维、判断和沟通能力，他们展现出顽强的生命力和乐观的生活态度。

（3）慢病自理老年人：这一老年群体面临着诸多挑战，可能出现健忘、沟通和判断能力减弱的问题，或肢体存在残疾，导致日常生活需在一定程度上依赖他人的协助。他们能借助器械进行户外活动，虽然位置移动需要帮助，但能够自主进食并控制大小便，展现出坚韧不拔的精神风貌。

（4）长期卧床老年人：由于长期患病或伤残，他们的日常生活能力受到严重损害，包括长期卧床、坐轮椅。这类老年人部分或完全依赖他人的帮助，生活范围仅限于室内，无法外出享受阳光和新鲜空气。

（5）失智老年人：失智症是一种因脑部损伤或疾病引起的渐进性认知功能衰退，其退化程度远超正常老化。失智老年人的记忆、注意力、语言等多方面能力受到严重影响。

（6）专业照护老年人：这一老年群体包括高龄、重症、术后、失能、失智以及临终长者。他们处于生命最为脆弱的阶段，需要提供 24 小时不间断的生活照护服务。专业照护团队会根据老人身体状况的变化，不断调整服务计划，以确保为他们提供专业照护与健康管理服务，让他们在生命的最后阶段感受到温暖和尊严。

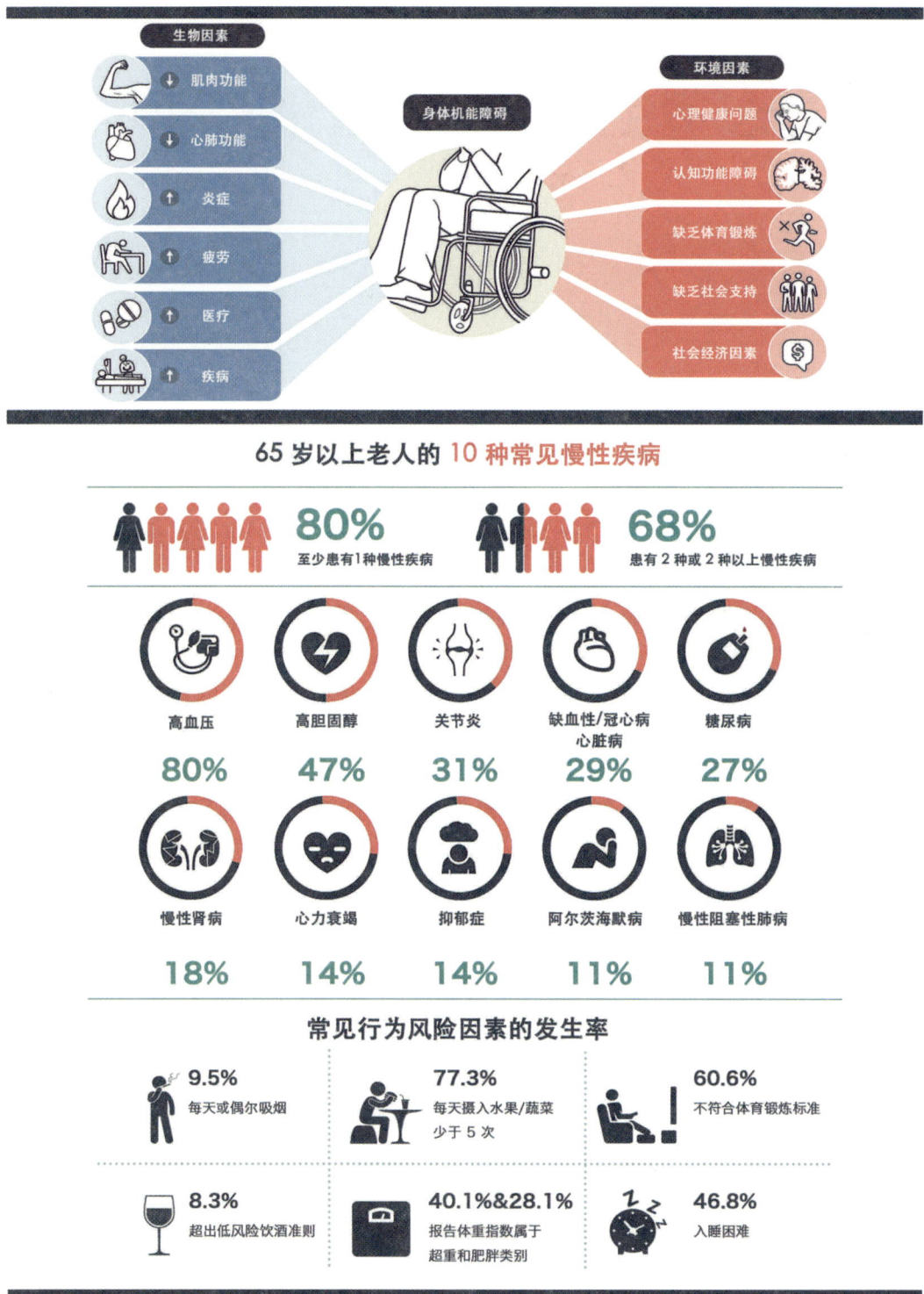

生物因素

- ↓ 肌肉功能
- ↓ 心肺功能
- ↑ 炎症
- ↑ 疲劳
- ↑ 医疗
- ↑ 疾病

身体机能障碍

环境因素

- 心理健康问题
- 认知功能障碍
- 缺乏体育锻炼
- 缺乏社会支持
- 社会经济因素

65 岁以上老人的 10 种常见慢性疾病

80% 至少患有1种慢性疾病

68% 患有 2 种或 2 种以上慢性疾病

高血压	高胆固醇	关节炎	缺血性/冠心病心脏病	糖尿病
80%	47%	31%	29%	27%

慢性肾病	心力衰竭	抑郁症	阿尔茨海默病	慢性阻塞性肺病
18%	14%	14%	11%	11%

常见行为风险因素的发生率

9.5% 每天或偶尔吸烟	77.3% 每天摄入水果/蔬菜少于 5 次	60.6% 不符合体育锻炼标准
8.3% 超出低风险饮酒准则	40.1%&28.1% 报告体重指数属于超重和肥胖类别	46.8% 入睡困难

图 2-2 老年人群主要慢性疾病及风险因素分析

（二）衰老的病理变化

1. 高发慢性疾病

在 65 岁以上老年人群中，有80% 的个体患有一种或多种慢性病，且多病共存情况尤为严重。常见慢性病有高血压、冠心病、糖尿病、慢性阻塞性肺病、肿瘤及老年期痴呆等。由于病程长、病情迁延不愈，对老人身心造成显著伤害，影响老人的劳动能力及生活品质。（见图 2-2）

2. 器官功能退行性病变

步入中老年后，人体各项机能逐渐衰退，代谢减慢或器官功能减退，这些都是人体衰老不可避免的过程。典型的退行性病变有退行性心脏瓣膜病、老年性白内障、退行性骨关节病、骨质疏松、阿尔茨海默病及帕金森病等。这些病变与年龄增长、长期磨损、修复能力下降等因素相关。而对于非器质性病变，保养预防远胜于过度治疗。

3. 老年并发急性疾病

当老年人罹患某种疾病时，往往容易在原有疾病基础上并发其他疾病，这种现象与老年人免疫功能下降、对应激反应的抵御能力减弱等因素密切相关。常见急性疾病有急性肺炎和尿路感染、心肌梗死、恶性肿瘤和尿毒症等。此类疾病通常具有突发性，应早发现、早治疗。

老年人十大常见疾病及预防措施见图 2-3。

老年人十大常见疾病及防治

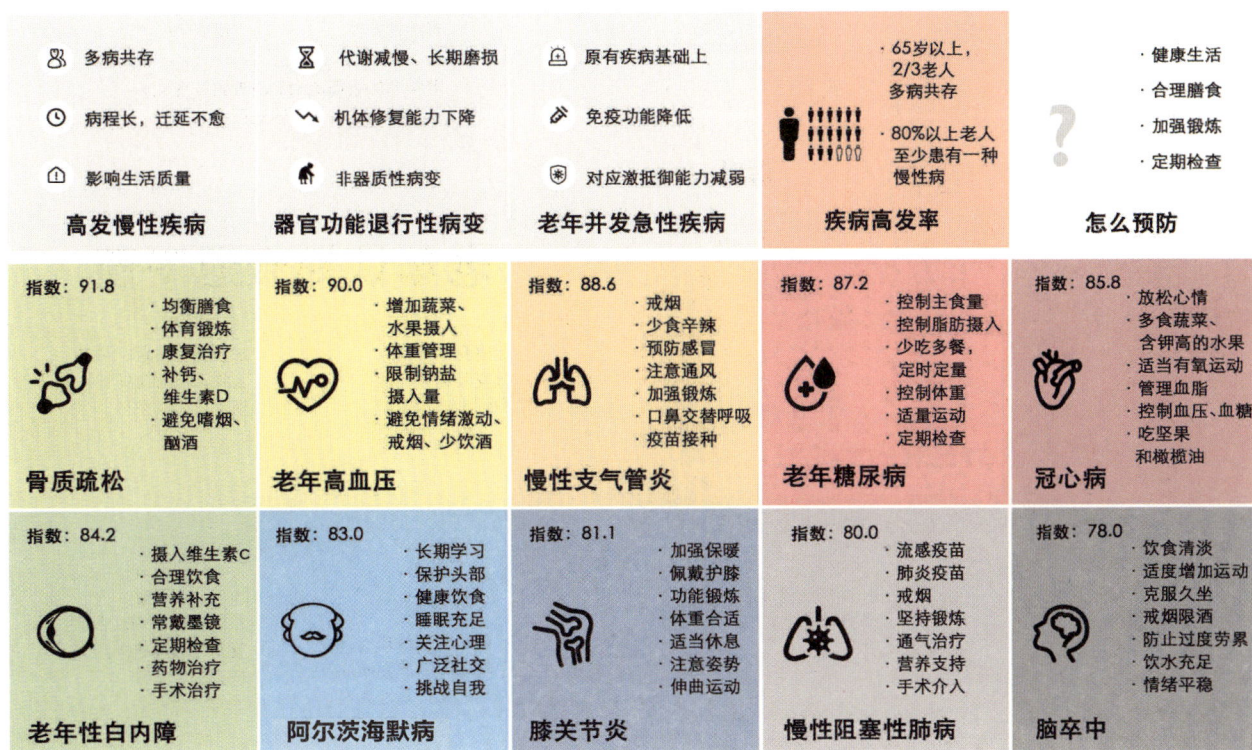

高发慢性疾病	器官功能退行性病变	老年并发急性疾病	疾病高发率	怎么预防
· 多病共存 · 病程长，迁延不愈 · 影响生活质量	· 代谢减慢、长期磨损 · 机体修复能力下降 · 非器质性病变	· 原有疾病基础上 · 免疫功能降低 · 对应激抵御能力减弱	· 65岁以上，2/3老人多病共存 · 80%以上老人至少患有一种慢性病	· 健康生活 · 合理膳食 · 加强锻炼 · 定期检查
骨质疏松 指数：91.8 · 均衡膳食 · 体育锻炼 · 康复治疗 · 补钙、维生素D · 避免嗜烟、酗酒	**老年高血压** 指数：90.0 · 增加蔬菜、水果摄入 · 体重管理 · 限制钠盐摄入量 · 避免情绪激动、戒烟、少饮酒	**慢性支气管炎** 指数：88.6 · 戒烟 · 少食辛辣 · 预防感冒 · 注意通风 · 加强锻炼 · 口鼻交替呼吸 · 疫苗接种	**老年糖尿病** 指数：87.2 · 控制主食量 · 控制脂肪摄入 · 少吃多餐，定时定量 · 控制体重 · 适量运动 · 定期检查	**冠心病** 指数：85.8 · 放松心情 · 多食蔬菜、含钾高的水果 · 适当有氧运动 · 管理血脂 · 控制血压、血糖 · 吃坚果和橄榄油
老年性白内障 指数：84.2 · 摄入维生素C · 合理饮食 · 营养补充 · 常戴墨镜 · 定期检查 · 药物治疗 · 手术治疗	**阿尔茨海默病** 指数：83.0 · 长期学习 · 保护头部 · 健康饮食 · 睡眠充足 · 关注心理 · 广泛社交 · 挑战自我	**膝关节炎** 指数：81.1 · 加强保暖 · 佩戴护膝 · 功能锻炼 · 体重合适 · 适当休息 · 注意姿势 · 伸曲运动	**慢性阻塞性肺病** 指数：80.0 · 流感疫苗 · 肺炎疫苗 · 戒烟 · 坚持锻炼 · 营养支持 · 手术介入	**脑卒中** 指数：78.0 · 饮食清淡 · 适度增加运动 · 克服久坐 · 戒烟限酒 · 防止过度劳累 · 饮水充足 · 情绪平稳

图 2-3 老年人十大常见疾病及预防措施

老年人感知觉变化特点

在各种心理活动中，老年人感知系统的结构和功能
是最早发生退行性变化的

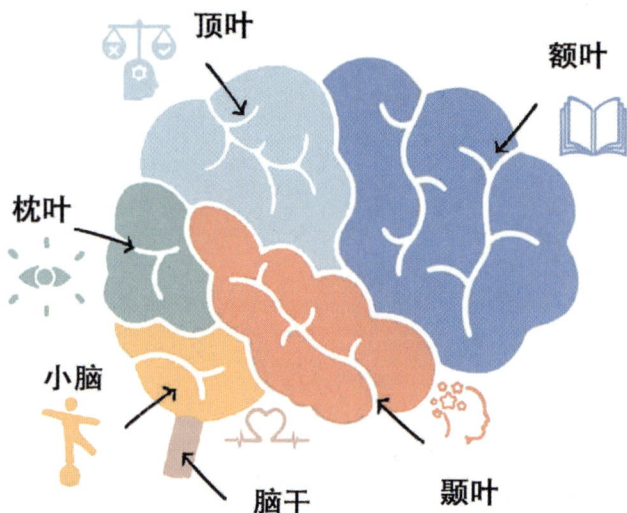

顶叶

额叶

枕叶

小脑

脑干

颞叶

脑干	- 呼吸 - 心率 - 体温 - 睡眠模式 - 警觉性	颞叶	- 语言 - 记忆 - 听觉 - 物体识别
额叶	- 问题解决 - 说话 - 情感 - 推理（判断）	顶叶	- 感觉 - 推理 - 身体定向 - 从左到右
枕叶	- 视觉 - 颜色知觉	小脑	- 平衡 - 控制 - 精细肌肉控制 - 自主运动

老年人的认知特点

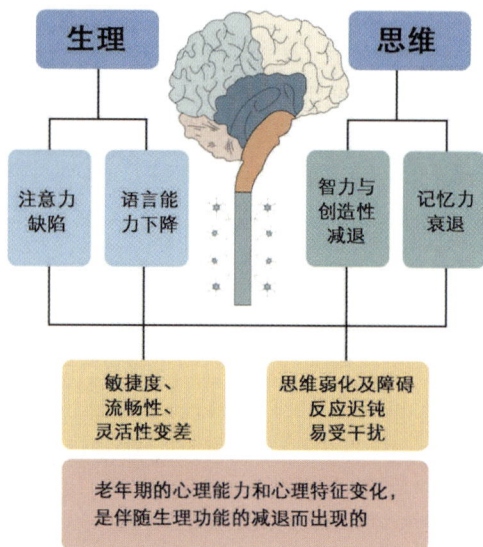

生理

思维

注意力
缺陷

语言能
力下降

智力与
创造性
减退

记忆力
衰退

敏捷度、
流畅性、
灵活性变差

思维弱化及障碍
反应迟钝
易受干扰

老年期的心理能力和心理特征变化，
是伴随生理功能的减退而出现的

老年认知衰退干预

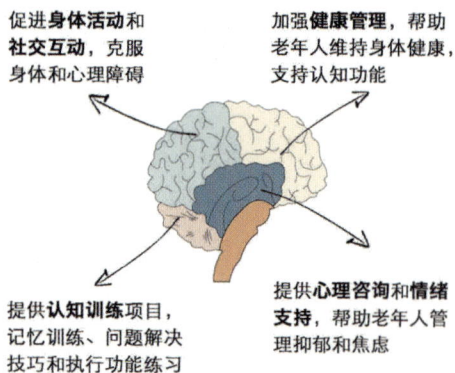

促进**身体活动**和
社交互动，克服
身体和心理障碍

加强**健康管理**，帮助
老年人维持身体健康，
支持认知功能

提供**认知训练**项目，
记忆训练、问题解决
技巧和执行功能练习

提供**心理咨询**和**情绪
支持**，帮助老年人管
理抑郁和焦虑

图 2-4 老年人感知和认知能力下降的特征及影响

二、感知与认知能力的变化

感知是大脑对现实世界中客观事物的反映过程，认知则是个体通过概念形成、知觉理解、判断推理及想象创造等方式获取知识和信息的过程。当老年人面临感知与认知能力下降时，往往会出现明显的消极情绪，这将导致老年人在社会、心理及生活等方面出现障碍。（见图2-4）

（一）老年人的感知觉特点

1. 视觉变化

老年人角膜直径缩小，知觉敏感度降低，玻璃体及视网膜等眼部结构老化，导致老年人的明、暗视力下降，对眩光敏感，颜色分辨能力减弱，且大脑对视觉信息处理速度减慢。此外，老年人患白内障、黄斑病变、青光眼及糖尿病视网膜病变等的概率也会大大提升。

2. 听觉变化

老年人的听力系统，从耳蜗末梢到听觉中枢呈逐步衰退趋势，其听觉功能退化，听觉感知的清晰度降低，对声音的感知能力下降。老年人听力下降主要是由老年性耳聋、中耳炎和药物性耳聋等引起的，对老年人的人际交往、生理健康和生活质量都有一定的影响。

3. 味觉变化

味觉感知主要依赖于舌头，老年人的味蕾数量及敏感度降低，是造成其味觉功能衰退的重要因素。老年人唾液分泌减少，咀嚼能力下降，这对老年人的食欲和口味产生不同的影响。同时，不良的个人健康状况和生活习惯等也会导致老年人味觉变迟钝，分辨各种味道的能力下降。

4. 嗅觉变化

年龄增长是导致老年人嗅觉功能衰退的主要原因。长期的工作和生活环境、空气流通情况、个人口腔卫生情况、饮食习惯以及生理因素引发的疾病等，都会对老年人的嗅觉功能产生影响。

5. 触觉变化

皮肤感觉主要包括触觉、温度觉和痛觉。老年人皮肤上的触觉点数量伴随年龄增加而逐渐减少，造成皮肤对触觉刺激强度的需求持续增加。皮肤感觉功能衰退容易导致碰伤、烫伤等皮肤损伤。

（二）老年人的认知特点

1. 老年人的注意缺陷

老年人注意力和专注力减退与大脑结构变化相关，老年人难以集中注意力和保持精神投入，表现为健忘和认知力下降，症状因人而异。因此，老年人会产生挫折感并出现抑郁、焦虑等负面情绪。

2. 老年人的智力

智力是一种综合认知能力，包括观察力、注意力、记忆力、想象力和思维能力。老年人的智力下降并非表现为所有因素一同衰减，而是体现为各因素变化的不平衡。老年人的动作性智力比语言性智力下降得更快、更显著。

3. 老年人的记忆力

老年人记忆力的衰退是较为明显的，这会损害其生活质量，增加患阿尔茨海默病的风险。老年人的健康状况、性别、心理素质、兴趣爱好等都会影响到老年人的记忆力，因此，在平时生活中采取科学有效的预防措施是至关重要的。

4. 老年人的语言能力

老年人口语表述能力下降，如张口忘词、句法复杂度降低、交谈缺乏重点或较易偏题、阅读理解或书面表达能力下降等，均是生理机能老化的结果。语言作为个体发展、人际交往与社会参与等的重要载体，需要个人、家庭和社会三方共同努力，才可有效地解决老年人语言问题。

老年人情感特征

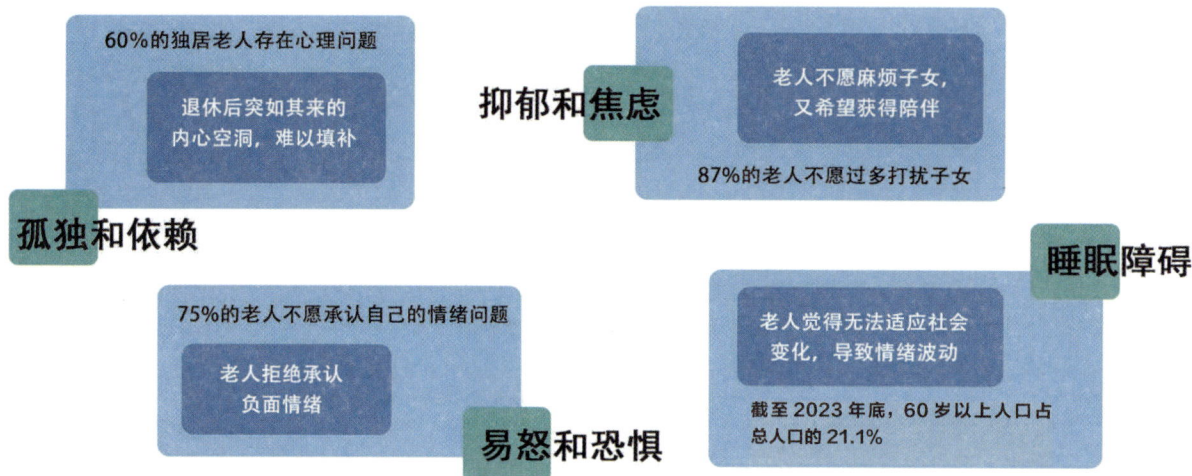

60%的独居老人存在心理问题

退休后突如其来的
内心空洞，难以填补

抑郁和焦虑

老人不愿麻烦子女，
又希望获得陪伴

87%的老人不愿过多打扰子女

孤独和依赖

75%的老人不愿承认自己的情绪问题

老人拒绝承认
负面情绪

睡眠障碍

老人觉得无法适应社会
变化，导致情绪波动

截至2023年底，60岁以上人口占
总人口的21.1%

易怒和恐惧

老年人心理需求

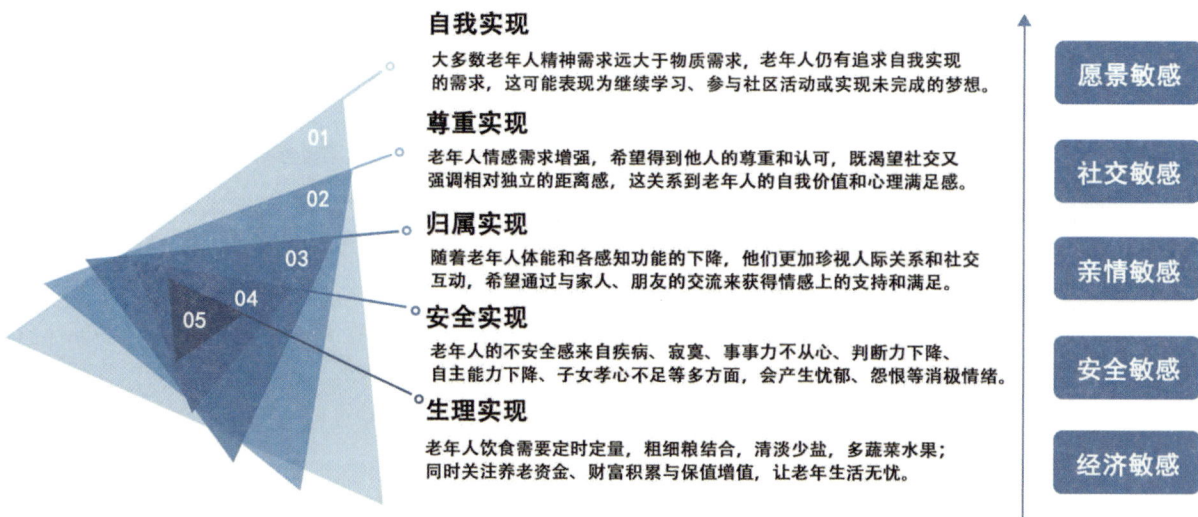

自我实现
大多数老年人精神需求远大于物质需求，老年人仍有追求自我实现
的需求，这可能表现为继续学习、参与社区活动或实现未完成的梦想。

尊重实现
老年人情感需求增强，希望得到他人的尊重和认可，既渴望社交又
强调相对独立的距离感，这关系到老年人的自我价值和心理满足感。

归属实现
随着老年人体能和各感知功能的下降，他们更加珍视人际关系和社交
互动，希望通过与家人、朋友的交流来获得情感上的支持和满足。

安全实现
老年人的不安全感来自疾病、寂寞、事事力不从心、判断力下降、
自主能力下降、子女孝心不足等多方面，会产生忧郁、怨恨等消极情绪。

生理实现
老年人饮食需要定时定量，粗细粮结合，清淡少盐，多蔬菜水果；
同时关注养老资金、财富积累与保值增值，让老年生活无忧。

01
02
03
04
05

愿景敏感

社交敏感

亲情敏感

安全敏感

经济敏感

图2-5 老年人情感特征和心理需求分析

三、情感特征与心理需求

由于老年人的人生经历、文化背景、生活环境、个性特征和行为需求等存在差异，他们的情感特征和心理需求也会有所不同。（见图2-5）

（一）老年人的情感特征

1. 孤独和依赖

随着年岁的增长，老年人可能会遭遇丧偶、独居、退休、行动不便、交往减少、社会及家庭地位改变等情况，这些变化导致他们逐渐失去了对生活的掌控感和主动性，只能被动地适应和服从于他人的安排。这让他们感到无奈与失落，内心产生隔绝感和孤独感。同时，做事时也会缺少自信，情感脆弱、犹豫不决。过度的精神依赖更可能引发情绪的波动和感觉的退化，使他们更加渴望得到他人的理解和支持。

2. 易怒和恐惧

当老年人的内分泌、神经递质等发生变化，以及社会地位、经济状况、家庭关系等遇到挑战时，他们往往会感到自己无法适应社会的快速发展和变化。这种不适应感加上对患病、自理能力下降等问题的担忧，使他们在心理上产生忧虑和恐惧，表现出冷漠、急躁等负面情绪，会给他们的晚年生活带来不小的困扰。

3. 抑郁和焦虑

部分老年人长期受到慢性病的困扰，且面临死亡的威胁，这使他们容易陷入恐惧和抑郁的情绪之中。有的老年人因生活单调、丧偶、家庭矛盾不断升级以及心灵空虚等原因，产生焦虑和抑郁的情绪。有的老年人因退休后生活方式的巨大改变，社会交往减少，缺乏归属感和认同感，心情抑郁，遇事灰心，对未来失去信心和希望。

4. 睡眠障碍

老年人普遍面临睡眠困难的问题，还有些人醒来后难以入睡，有失眠、多梦等症状。这些睡眠障碍不仅与老年人大脑皮质兴奋和抑制能力的下降有关，还可能是脑部病变等疾病的并发症。长期睡眠不足会严重影响老年人的身心健康和生活质量。

（二）老年人的心理需求

1. 依存需求

当老年人退休后，家庭成为其主要的活动场所和精神寄托。然而，年老体弱和子女成家立业的现实，使他们在生活中感到无所事事，心理上渴望得到更多的照顾与关怀。尤其是在与外人的相处中，他们更加依赖和期待这种支持和关怀，这种依存需求是他们晚年生活不可或缺的一部分。

2. 求助需求

随着老年人的身体素质和自理能力越来越差，他们愈加需要他人的帮助和照顾。无论是简单的日常起居，还是更为复杂的健康管理，他们应对起来都越来越力不从心。如果这些需求无法得到及时、有效的满足，老年人可能会产生忧郁、怨恨等消极情绪，甚至会产生被抛弃的感觉。这种求助需求如同干旱中的甘霖，是他们迫切需要的心理慰藉。

3. 自尊需求

退休或丧失劳动能力的老年人，其社会角色发生变化，从供养者转变成了被供养者。尽管他们意识到自己上了年纪，工作能力和经济收入不如从前，但仍希望被视为有价值的个体，被他人尊重和理解。这种自尊需求使得他们在晚年生活中保持尊严和自信。他们不希望被当作一个废人来看待，而是希望在社会和家庭中继续发挥自己的作用和价值。

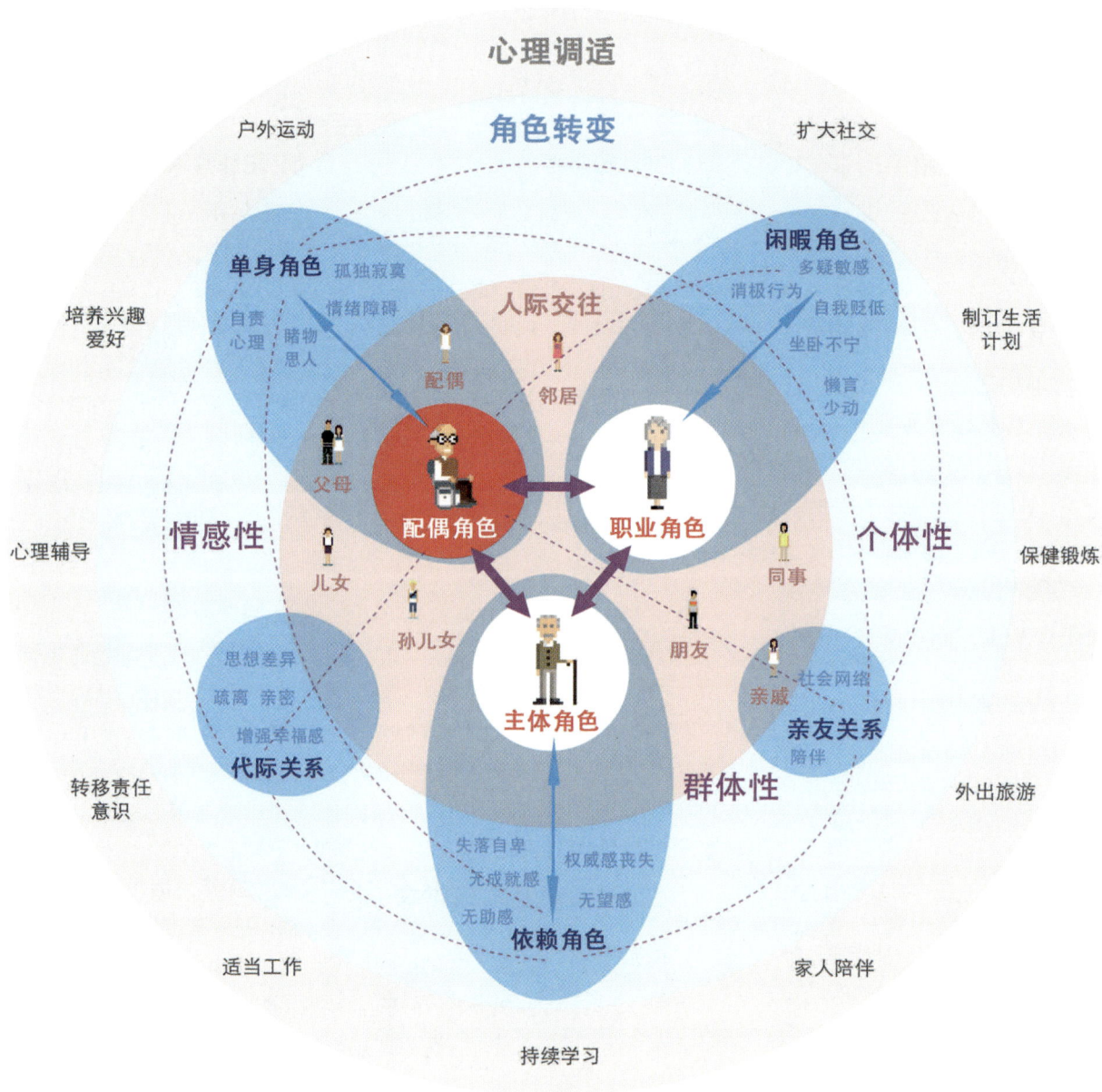

图 2-6 老年人角色转换后交往模式的变化与影响

四、社会角色与交往模式的变化

（一）老年人角色的变化

老年期是人生的最后一个重要转折期，其最显著的特征是退休引发了老年人长期从事的主要活动和社会角色的变化，从而改变了他们原有的生活内容和行为模式。（见图2-6）

1. 职业角色转变为闲暇角色

老年人退休后，逐渐脱离原有的职业和社会生活，角色转换对老年人的生活和心理产生较大冲击。工作不仅是老年人的主要收入来源，也是他们获得满足感、充实感和成就感的重要方式。退休就意味着打破老年人特定的生活方式和生活习惯，这会使他们感到茫然而不知所措。

2. 主体角色转变为依赖角色

老年人在退休之前，都拥有自己的工作、人际关系和稳定的经济收入，是家庭的主导角色。退休后，他们从过去被子女依赖转向依赖于子女，这在一定程度上影响了他们的自尊心和自信心，他们在家庭中原有的主体角色和权威感也随之丧失。

3. 配偶角色转变为单身角色

步入老年阶段，丧偶的可能性日益增大，夫妻同日而逝的情况极少，一旦配偶去世，另一方不得不骤然进入单身生活的角色。适应这种变化往往是一个充满挑战的过程，老年人可能会因为害怕独自面对未来生活、担心自己的健康状况，或是思念已故的配偶而陷入深深的忧虑之中。

（二）老年人人际关系的成分

第一，家庭关系。夫妻关系无疑是家庭的基础与核心，众多家庭职能是通过夫妻间的相互作用得以实现的。老年夫妻关系大多呈现良好状态，特征包括稳定、和谐、真挚及深沉。尽管有时也会因空巢而感到惆怅，或因琐事而产生争执，但大老年夫妻多时候都能从容地进行沟通，并妥善解决矛盾。

第二，代际关系。老年人在评估晚年生活幸福度时，子女是否孝顺是一个至关重要的衡量指标。子女孝顺，老人幸福感便强；若子女不孝，即便老人物质条件较为优裕，幸福感也会大打折扣。

第三，亲友关系。由于老年人身体机能衰退，活动能力和反应能力也会有所下降。基于兴趣爱好的一致性、需要的互补性、态度的相似性等人际交往的内在动因，老年人更倾向于与拥有共同兴趣的人交往，通过某种活动，如跳舞、下棋、钓鱼等，与他人建立联系。

（三）老年人人际交往的特征

首先，老年人在人际交往中展现出鲜明的个体性。退休后的老年人更加随心所欲、自由自在，人际关系中的个体特征变得尤为突出。老年人的主要活动场所从工作岗位转移到社会、社区和家庭，需要扮演其他社会角色来确立自己的社会位置，并在新的社交环境中寻获归属感和意义。

其次，老年人在人际交往中表现出显著的群体性。老年人应加强对群体性的认识，积极参加文化活动、社交聚会等，不仅能够培养兴趣、愉悦心情，还能在其中获得归属感。为老年人提供新的社会联系途径，不仅满足了老年人的实际需求，同时也满足了他们的精神需求。

最后，老年人在人际交往中还富含情感性。大多数老年人人格成熟、健全，具有高尚的情操，待人接物彬彬有礼，自尊自信，珍视友谊，受社会制约，遵循群体准则。因此，通过人际交往，老年人能获得情感上的满足和支持，这对于他们的心理健康和社会适应非常重要。

组合收纳
组合收纳
厨具排列
防水帘
底部留空
双推拉门
收纳
1.5m回转
回转　可替换部分

厨房设计
老人卧室设计

天花板
燃气探测器
智能睡眠监测
感烟探测器

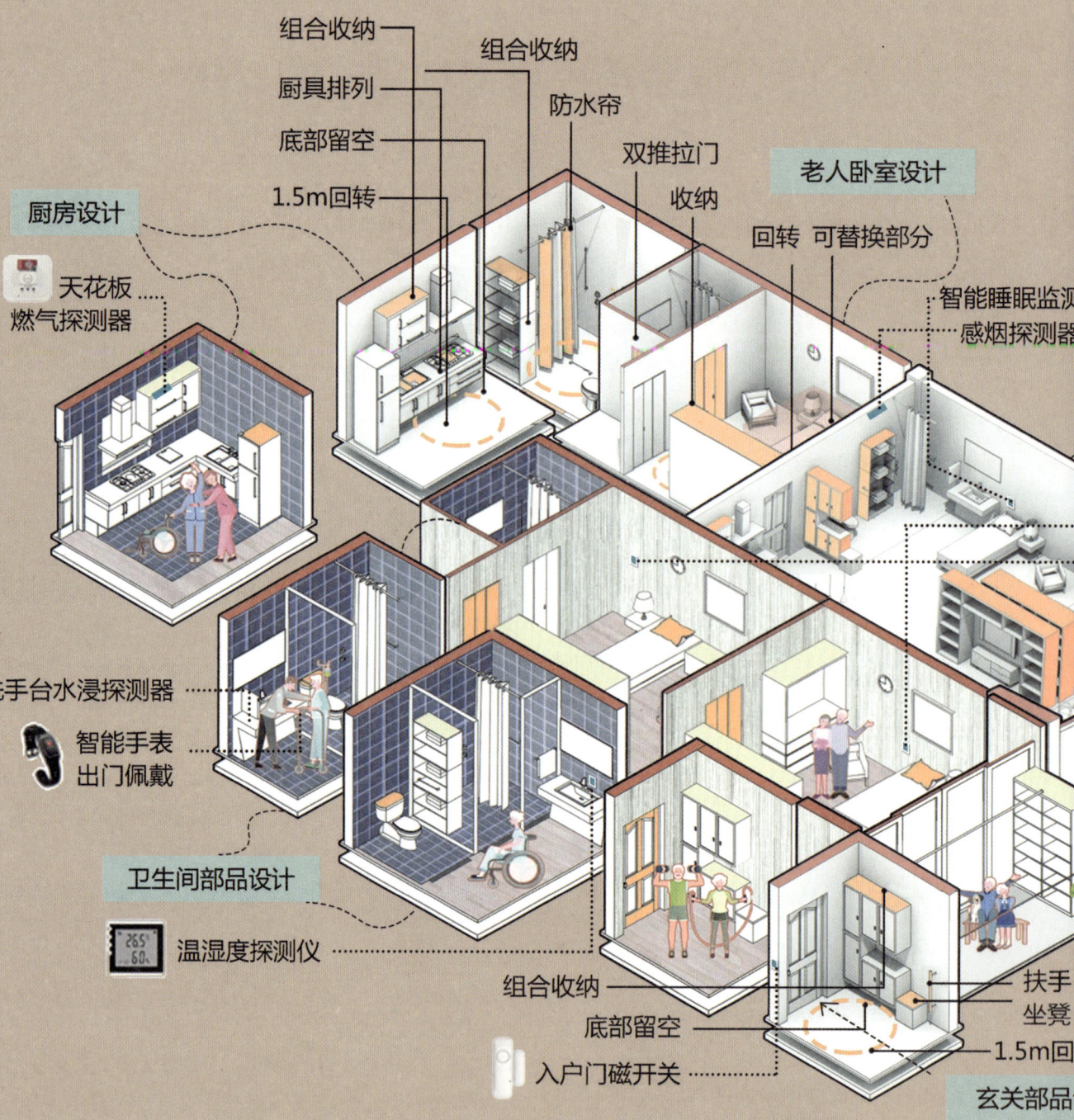

洗手台水浸探测器
智能手表
出门佩戴

卫生间部品设计
温湿度探测仪

组合收纳
扶手
坐凳
底部留空
1.5m回
入户门磁开关
玄关部品

第三章

适老化服务系统设计原则

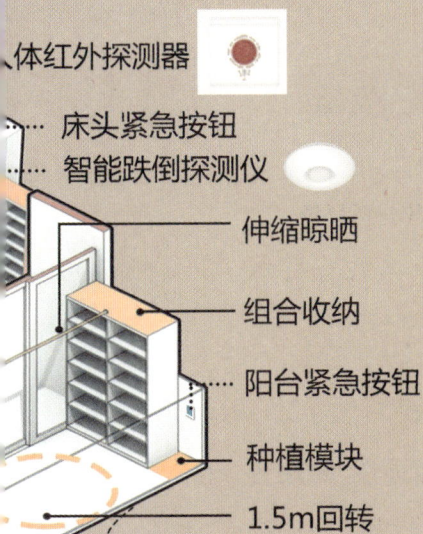

纳体系设计

人体红外探测器

- 床头紧急按钮
- 智能跌倒探测仪
- 伸缩晾晒
- 组合收纳
- 阳台紧急按钮
- 种植模块
- 1.5m回转

阳台设计

- 通用设计原则
- 无障碍设计基础
- 安全性与易用性原则
- 尊重性与包容性设计

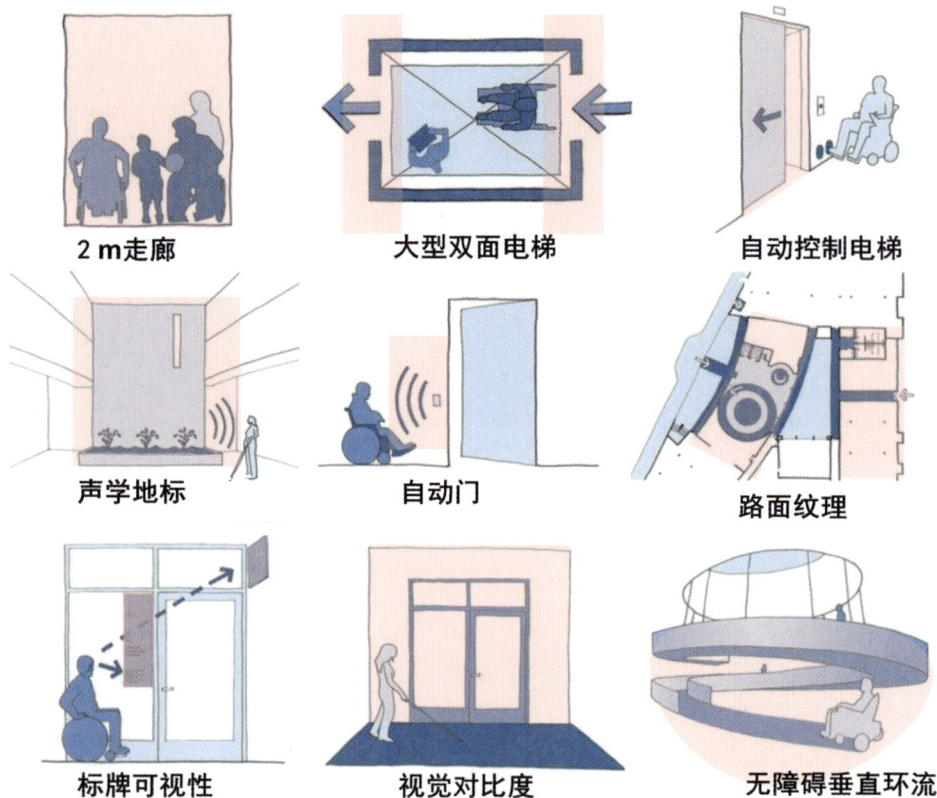

2 m走廊　　大型双面电梯　　自动控制电梯

声学地标　　自动门　　路面纹理

标牌可视性　　视觉对比度　　无障碍垂直环流

图 3-1 通用设计的体现

人本主义
- 考虑各式各样不同的使用群体
- 将人类需求置于设计的核心位置
- 适应多样化的生活需求
- 以人本主义精神为基础的全方位设计

心理关爱
- 满足人们的核心心理需求
- 通过设计提供平等的使用体验
- 创造包容、易用的环境和产品
- 尊重弱势群体，如老年人和残疾人

普适性、易用性
- 把握事物的共性和规律
- 设计简洁直观，提高理解度
- 创造包容、易用的环境和产品
- 降低使用门槛，扩大用户群体

包容性
- 创造友好产品与环境
- 帮助消除社会中的不平等
- 以更包容的方式分析需求
- 促进社会的公平性和整体和谐

可持续性
- 减少后期调整，节省资源与成本
- 延长产品的使用寿命
- 为未来用户创造更大价值
- 环境和社会责任的理解

用户体验
- 以用户为中心的顶层设计
- 提供简单、直观的界面和功能
- 有效管理用户与产品的接触点
- 持续收集用户反馈并优化设计

图 3-2 通用设计的意义

一、通用设计原则

通用设计旨在创造人人可用的产品和环境，强调无障碍、灵活性、简单直观，考虑多样性需求，确保广泛适用性和包容性。

（一）通用设计的定义及意义

1. 通用设计的定义

美国的 Pulos 教授曾说："设计的目的既不是盈利，也不是膨胀设计师的荣耀，而是尽力以文明的设计服务人类的需求与期望。"这一观点揭示了设计的核心使命，即通过设计来满足和服务人类的需求。通用设计（universal design）正是基于这一理念而产生的，它在产品、环境、建筑和服务的设计过程中，充分考虑所有人的多样性需求，确保设计成果能够被所有人群使用和接受，无论其年龄、能力或背景如何。

通用设计不仅关注无障碍性，还强调产品的灵活性、简单直观的使用方式，以及能够广泛适应不同用户群体的需求。其目的是消除设计中的障碍，使得无论是老年人、残疾人还是一般公众，都能在没有特别调整的情况下，自主、安全、舒适地使用这些设计成果。（见图 3-1）

2. 通用设计的意义

（1）以人本主义精神为基础：在产品开发设计的过程中，设计师需要考虑各式各样不同的使用群体并将其生活方式纳入考量范围。通用设计强调将人类需求置于核心位置，站在使用者的角度来看问题，让设计的产品能适合多样化的生活需求，创造出更高的价值，其精神和意义概括为"以人本主义精神为基础的全方位设计"。（见图 3-2）

（2）体现心理关爱："关爱"是通用设计的关键，通过满足人们的心理需求，给人以平等的感受。通过创造包容、易用且尊重个人需求的环境和产品，通用设计传递出对所有用户的关爱和尊重，特别是那些在传统设计中常被忽视的群体，如老年人和残疾人。（见图 3-2）

（3）具有普适性和易用性：事物的普适性源自事物的共性和规律，设计也不例外。无论用户的年龄、能力或背景如何，产品皆可以通过简洁、直观的设计被理解和使用。通用设计提高了产品和环境的易用性，降低了使用门槛，使得更多人能够轻松、安全地使用这些设计成果，从而最大限度地扩大了用户群体。（见图 3-2）

（4）促进社会包容性：通过创造对所有人群都友好的产品和环境，帮助消除社会中的不平等，特别是对残疾人和老年人等群体的歧视。通用设计以更包容的方式考虑每个人的需求，从而促进了社会的公平性和整体和谐。（见图 3-2）

（5）提升可持续性：通用设计在初期就考虑到用户的需求，减少了后期的改造和适应性调整。这不仅节省了资源和成本，还延长了产品的使用寿命，提升了设计的可持续性。通用设计不仅满足了当前用户的需求，也为未来的使用者创造了更大的价值，体现了对环境和社会责任的深刻理解。（见图 3-2）

（6）增强用户体验和满意度：通过提供简单、直观、易于使用的产品和环境，通用设计改善了用户的整体体验，增加了用户的满意度，同时扩大了潜在用户群体，提高了产品的市场竞争力。其不仅可以帮助老年人更加轻松地使用社交设备，还可以帮助残疾人更加自由地进出建筑物，增强在公共环境中的活动体验，让不同群体都能够感受到被平等对待，极大地提高了用户满意度。（见图 3-2）

通用设计七项原则

公平使用

灵活使用

简单直观

可感知性

容许错误

省力

适当的空间尺度

图 3-3 通用设计的七项原则

（二）通用设计的原则

通用设计的原则经过了不断的修改、完善和更新，已经趋于成熟。目前常被采用的是美国北卡罗来纳州立大学通用设计研究中心公布的通用设计七大原则（见图 3-3）。

1. 公平使用

通用设计的首要原则是公平使用。产品、环境或服务的设计应当适合所有人群，无论其能力、年龄或背景如何都能平等地使用，而不需要额外的适应或修改。这意味着设计需要考虑广泛的用户需求，确保残疾人、老年人和普通人都能够无障碍地享受同样的功能和便利。OXO Good Grips 在设计上贯彻"通用设计"概念，打造无论大手小手、左手右手，男女老少，甚至是手部受轻微疾病困扰的人士均能使用的厨房用具。

2. 灵活使用

灵活使用原则强调设计应考虑到用户的偏好、习惯和能力差异，允许个性化的调整和使用方式。产品的设计应提供不同操作模式以适应用户的特定需求。例如：IDC 为香雪制药创新设计了一款一体化医用胶给药笔，采用人们熟悉的笔的形态，引导用户握持，并且在顶部设置清晰可见的按键，简化了给药步骤，实现了安全便捷的操作。

3. 简单直观

简单直观的设计能让用户在最短的时间内理解并使用产品，即使是第一次接触产品的用户也能轻松上手。简化设计不仅提高了用户的使用效率，也降低了用户的认知负担。"双剪"是一把左右手用户都能正常使用的通用性剪刀。世界上有超过 90% 的剪刀是专为右利手用户而设计的，左利手用户使用普遍剪刀是一件困难的事情。而"双剪"的双刃特性很好地解决了这一问题，只需要切换"刃"的方向，就可以实现左右手的切换。

4. 可感知性

可感知性原则要求设计能够通过多感官渠道有效传递信息，确保用户能轻松理解并使用产品。例如：著名的巧克力豆品牌"M&M's"，其包装色彩鲜明且标志独特，容易被不同视觉能力者感知。在开启方式上，它采用易撕拉的密封包装，通过手指感知到包装边缘的不同质感或者略微凸起的设计，从而轻松撕开包装。对于不同年龄、不同能力的人群，包括儿童和手部灵活性欠佳的老年人来说，不需要复杂的操作技巧就能够轻松实现，极大地提升了用户的自信心。

5. 容许错误

容许错误的设计能够预见用户在使用中可能出现的错误，并通过防错设计或安全机制来降低错误发生的风险，包括提供撤销选项、设置安全阀门或警示提示，以保障用户在操作过程中的安全。通过提前考虑可能的错误情况，设计可以有效减少因误操作导致的危害，提升用户的信任感和安全性。例如：在某酒店 APP 订单详情页中，如果用户已经预订了酒店，用户将订单取消时会出现是否确认取消该订单的提示弹窗，以防止用户误操作。

6. 省力

省力原则强调设计应减少用户的体力和精力消耗，使其在使用产品或服务时感到轻松。通过减少身体和认知上的负担，用户可以更舒适地完成任务，尤其是老年人和体力较弱的群体，更能从中受益。戴森干手器是运用该原则的一个优秀案例，用户只需将手放置在出风口下方，设备便会自动启动程序。此外，其采用了高速气流，用户无须过多移动手部便可在短时间内迅速烘干。

7. 适当的空间尺度

确保空间尺度适合所有用户。设计应为各种体形、身高的人提供足够的操作空间。无论是坐在轮椅上的用户还是站立的用户，都应能够方便地使用产品，实现与产品之间的舒适及有效的交互。IDC 在研发医疗设备时，常开展临床研究，以明确使用环境与操作习惯，并将尺度要素融入设计。

图 3-4 OXO Good Grips 案例

（三）通用设计与适老化服务的结合点

1. 适老化疗养产品

通用设计在适老化疗养产品中的应用旨在为老年人提供更高的独立性和舒适性，主要体现在产品设计对不同用户需求的兼顾。通过考虑老年人群体的生理和心理特征，设计师致力于为他们提供易于使用且功能齐全的疗养产品。通用设计理念推动了可调节病床、自动化辅助器械以及多功能康复设备的研发，这些产品通常具备简单直观的控制界面，并且能够适应不同体形和行动能力的使用者。通过这种设计，老年人在疗养和康复过程中能够获得更多的自主权，同时减少了对护理人员的依赖，提高了生活质量和治疗效果。

2. 适老化可视界面

基于通用设计原则的可视界面设计专注于提升老年人使用电子设备的易读性与便利性。这类设计通常通过增大字体、增强对比度、简化操作步骤来适应老年人视觉和认知能力的下降。此外，通用设计鼓励在界面中加入语音提示和触觉反馈，以帮助老年人在使用过程中获得更多的支持。

这些设计不仅使老年人能够更轻松地操作电子设备，还增强了他们使用现代技术的信心，促进了他们与社会的联系。

3. 适老化空间环境

通用设计在适老化空间环境中的应用，主要体现在为老年人创建无障碍、安全且舒适的生活空间。设计的重点在于消除物理和感官障碍，通过合理的空间规划、适当的尺寸设计和安全细节的考量，确保老年人能够自如地在各种空间中活动。例如：无障碍通道、扶手、宽敞的转弯空间，以及防滑地面材料，都是通用设计在适老化空间中的具体体现。通过这些空间设计，老年人可以更独立地生活，降低跌倒和发生其他意外事故的风险，提升生活质量和心理安全感。

4. 适老化家具

适老化家具设计的目标是为老年人群体提供既符合人体工程学又具备广泛适用性的家具产品，而应用通用设计可以很好地实现这一目标。例如，电动升降椅采用简便的遥控操作系统，使老年人能够轻松起身或坐下，提升了日常生活的独立性。又如，可调节高度的桌子允许用户根据不同活动的需求调整桌面高度，满足了老年人在用餐、书写或使用电脑时的多样化需求。再如，使用天然材料的实木沙发不仅符合环保要求，还具有优良的支撑性和舒适性，提供了健康、安全的居家环境，避免了有害化学物质对老年人健康的潜在威胁。

由此可见，通用设计与适老化产品的结合显著提升了老年人的生活质量和舒适度。

（四）案例分析：通用设计的成功实践

OXO Good Grips 是由 OXO 公司开发的一系列厨房用具，其设计理念基于通用设计原则，旨在为所有用户，特别是有手部握力问题的人群，提供舒适、易用的厨房工具。其最大特点是强调简洁性和直观性，减少了用户在使用过程中可能出现的错误。刀具具有符合人体工学的软垫手柄，确保用户在各种条件下都能轻松握持和使用。该系列产品涵盖厨房用具的各个方面，包括开瓶器、削皮器、量杯等（见图3-4）。

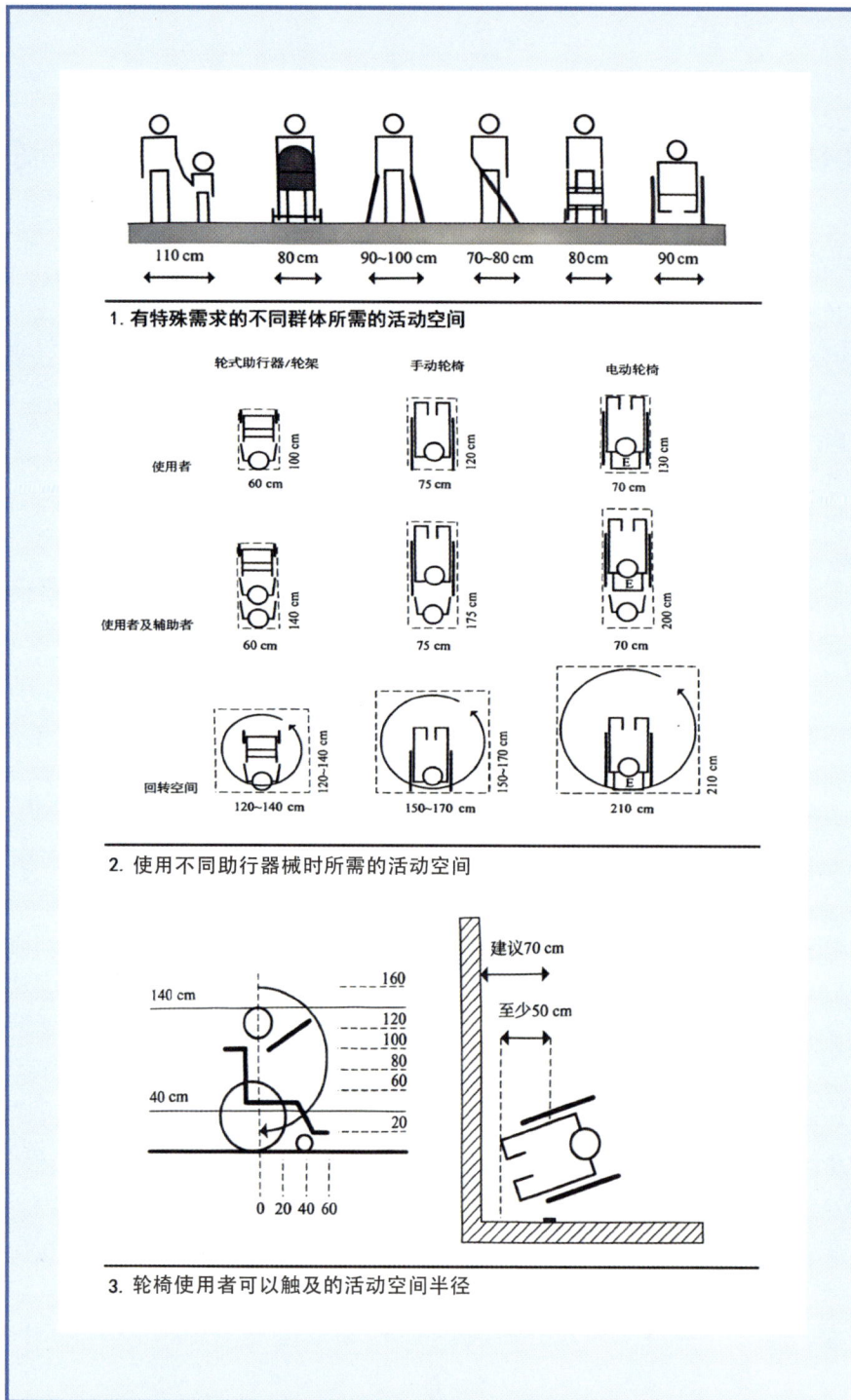

1. 有特殊需求的不同群体所需的活动空间

2. 使用不同助行器械时所需的活动空间

3. 轮椅使用者可以触及的活动空间半径

图 3-5 针对不同群体的无障碍设计的尺寸要求（图片来源：《建筑入门课：无障碍设计》）

二、无障碍设计基础

（一）无障碍设计的定义与发展

1. 无障碍设计的定义

无障碍设计（accessible design）是指无障碍物、无危险物、无操作障碍的设计，其强调在科学技术高度发展的现代社会，一切有关人类衣食住行的公共空间环境以及各类建筑设施、设备的规划设计，都必须充分考虑具有不同程度生理伤残缺陷者和正常活动能力衰退者的使用需求。这种设计理念起源于社会对残疾人和老年人等特殊群体需求的关注，目的是消除或减少环境中的障碍，让这些人群可以独立地、有尊严地参与社会活动。

无障碍设计主要应用于物理环境（如建筑内外通道、卫生间设施等）、工业产品和通信技术（如字幕、屏幕阅读器支持等）等方面。

2. 无障碍设计的发展

无障碍设计起源于 20 世纪初的人道主义思想，1961 年，美国制定了世界上第一个无障碍标准，为全球无障碍设计的发展奠定了基础。此后，美国颁布了《建筑无障碍法》，明确规定公共建筑、交通设施和社区空间必须为残疾人提供无障碍通道、无障碍卫生间等配套设施。

我国也在无障碍环境建设方面不断努力，于 2012、2021 年分别发布《无障碍设计规范》与《公共信息图形符号 第 9 部分：无障碍设施符号》；2023 年出台《中华人民共和国无障碍环境建设法》，标志着中国在无障碍环境建设方面的法制化进程。

而后，无障碍设计逐步扩展到工业产品和电子信息领域，且不同国家的侧重点各有不同。美国和欧洲国家率先制定了详细的产品无障碍标准，20 世纪 70 年代，设计师就开始关注产品的易用性和通用性。日本则在电子设备的无障碍方面走在前列，注重通过简化操作界面和增加视觉、听觉辅助功能来提升产品的可用性。

21 世纪，电子信息无障碍设计成为新兴重点领域。各国纷纷针对信息无障碍制定相关法规和标准。例如，美国《残疾人法案》规定政府网站和公共服务平台必须提供屏幕阅读器支持、字幕和替代文本等功能。欧洲则通过欧盟无障碍信息通信技术（ICT）标准推动成员国落实无障碍设计。2020 年，我国《关于推进信息无障碍的指导意见》正式印发，为完善我国信息无障碍环境建设指明了路径。

总的来说，无障碍设计为特殊人群提供了更多平等的生活和工作机会。

（二）无障碍设计标准与要求

针对不同群体的无障碍设计的尺寸要求如图 3-5 所示。

1. 为特定个体进行设计

在为特定个体设计住所时，关键在于达成与使用者状况的深度契合。失能者参与设计流程并阐述自身需求极为重要，设计师通过深入其日常生活建立直观认知，所设计方案要精准匹配使用者当下与未来可能的需求，充分考虑到人们衰老或行动能力变化等因素，注重设计的灵活性，确保设计能长期适应个体状况。

2. 为特殊群体进行设计

针对特殊群体的设计，如幼儿园、老人照护机构、特殊教育学校等建筑，不仅要聚焦目标群体的普遍需求，还得兼顾非特定使用者，包括访客与工作人员。当面对多种失能情况时，需求会变得极为复杂和个性化，即便针对主要失能类型进行调整，也难以打造完全无障碍环境，需要设计师在多方面需求间权衡取舍。

3. 为非特定使用者进行设计

对于使用者并不固定的场所，如室外公共空间、交通空间以及各类公共建筑，其设计原则是尽可能消除环境中的障碍，这类场所应为有一定

图 3-6 无障碍设计与适老化服务的结合

独立行动能力的失能者提供方便。但由于使用者的多样性，在为部分人消除障碍时可能会给其他人带来新的障碍，这就要求设计师在设计过程中综合考量各种因素，权衡利弊，以实现整体上的无障碍效果最大化，使场所能在最大程度上服务于不同类型的使用者，提升社会公共空间的平等性与包容性。

（三）无障碍设计与适老化服务的结合

无障碍设计与适老化服务的结合如图 3-6 所示。

1. 环境无障碍性

通过消除物理障碍，如设置无障碍扶手、无障碍厨房和无障碍电梯等，确保老年人在公共和私人空间中能够独立、安全地移动。

2. 交通无障碍性

通过改进公共设施，如采用无障碍坡道、低地板公交车、无障碍地铁站，以及具备语音和视觉提示的自动售票机，可以使老年人更容易、安全地使用交通工具。其中，无障碍坡道的坡度不应大于 1∶10，宽度不应小于 1.2 m，整个路面应采用防滑处理，从而保证乘轮椅者可自行上下坡。

3. 数字产品无障碍性

通过设计简单、直观的用户界面，增大字体和图标，提供语音提示功能，数字产品可以更好地适应老年人的使用需求。此外，数字设备还应兼容辅助技术，如屏幕阅读器和定位辅助设备，以便于有特殊需求的老年人使用。

4. 信息获取的无障碍性

信息获取的无障碍性指的是确保老年人能够平等地获取和理解各类信息，设计应包括清晰、简洁的语言，适当的字体大小，以及多感官提示，如语音播报和字幕。此外，公共信息的传达应考虑到老年人的特殊需求，例如使用易读的配色、避免复杂的术语等。

（四）案例分析：无障碍设计的成功实践

1. 无障碍产品设计

Centaur 是一款革命性的电动轮椅，旨在结束因行动不便而导致的社会孤立。其令人惊叹的设计、小巧的体积和无与伦比的机动性为失能者打开了新世界的大门。用户可穿过狭窄的走道，也可以更高的高度坐在餐桌旁。创新的软件使这款轮椅安全且易于使用。（见图 3-7）

图 3-7 无障碍产品设计

2. 无障碍环境设计

家庭无障碍环境设计同样受到了社会的关注，它不仅延长了老年人和残疾人独立生活的时间，还减少了他们对护理人员的依赖，提升了家庭的整体福祉。

家用无障碍卫生间提供了足够的空间以容纳轮椅、无障碍扶手、无障碍坐便器及淋浴设备，确保所有设备高度和位置适合老年人及行动不便者使用。无障碍厨房包括可调节高度的工作台、无障碍橱柜，并确保通道宽敞，便于轮椅和助行器通行。（见图3-8）

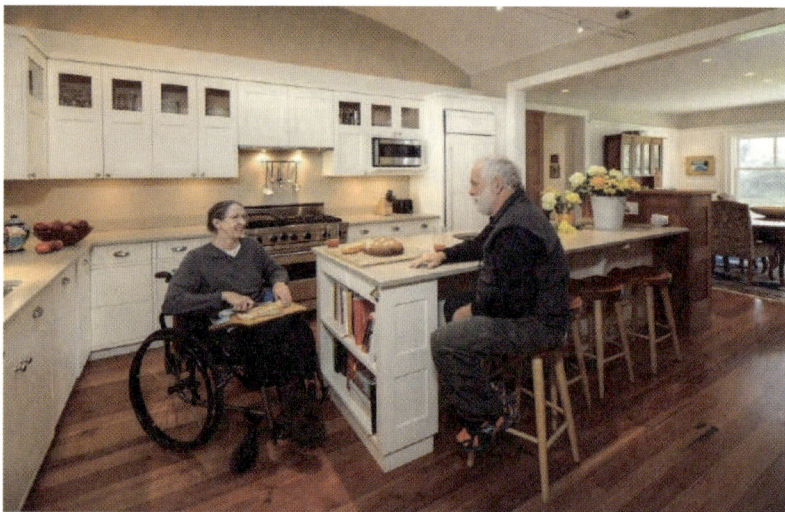

图 3-8 无障碍环境设计

三、安全性与易用性原则

（一）安全性在适老化设计中的重要性

安全性在适老化设计中具有至关重要的地位，因为它直接关系到老年人的身体健康和生活质量。随着年龄的增长，老年人的身体机能和反应能力逐渐减退，他们在日常生活中更容易面临摔倒、碰撞或其他意外伤害的风险。因此，适老化设计必须优先考虑安全性，通过减少物理障碍、增加防滑措施、设置扶手以及确保环境的稳定性来降低这些风险（见图3-9）。

无论是在家居环境、公共空间还是交通工具中，安全性设计都是不可或缺的，它不仅保障了老年人的生命安全，还提升了他们的独立性和自信心，使他们能够更自主地进行日常活动，享受更高质量的生活。

（二）易用性在适老化设计中的重要性

在适老化设计中，易用性是核心要点，主要围绕四点进行展开。第一，简化操作流程，让老年人轻松上手，避免复杂步骤带来的困扰。第二，增加多感官反馈，如视觉提示、听觉提醒和触觉反馈，弥补他们感官功能的衰退。第三，依据人体工程学设计产品，无论是家具的高度还是手持设备

的形状，都贴合老年人身体特点，减少使用疲劳。第四，提供清晰的提示与警示，以醒目的标识和声音告知操作结果与注意事项。这四点紧密结合，全方位打造易用性，使老年人能更便利、安全、舒适地使用各类产品与设施，提升他们的生活质量与自主性。

（三）案例分析：安全性与易用性的成功实践

1.EPT 安全工学拐杖

膝关节疾病在老年人中十分常见。患该疾病的老年人需要依赖辅助设备来帮助移动和进行日常活动。对于那些弯腰困难的老年人来说，在试图抬腿上床时会遇到非常大的阻碍。

EPT 是一款安全工学拐杖，旨在帮助那些患有膝关节疾病（如炎症、关节无力、关节疼痛等）的人行走、抬腿上床以及进行其他日常活动，而不会对手腕产生过大的压力（见图3-10）。

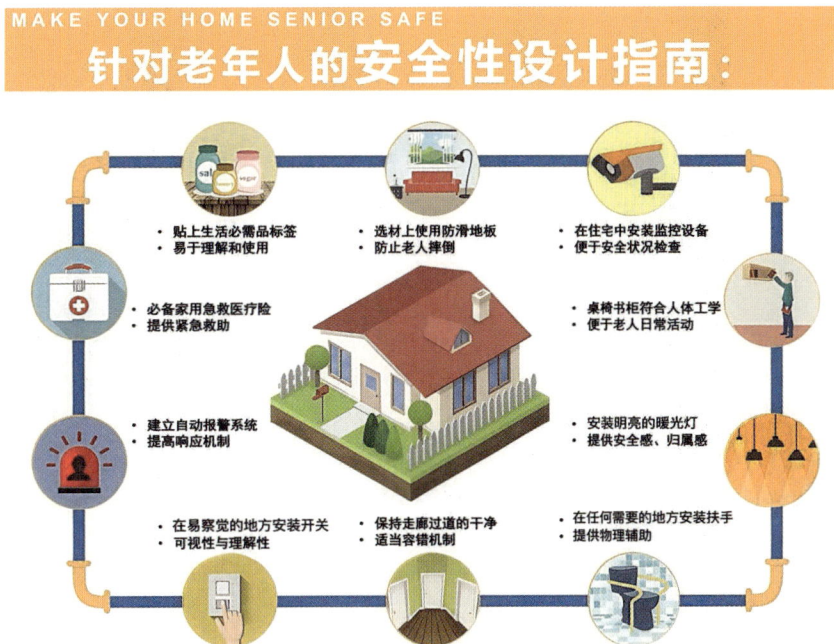

MAKE YOUR HOME SENIOR SAFE
针对老年人的安全性设计指南：

- 贴上生活必需品标签
- 易于理解和使用

- 选材上使用防滑地板
- 防止老人摔倒

- 在住宅中安装监控设备
- 便于安全状况检查

- 必备家用急救医疗箱
- 提供紧急救助

- 桌椅书柜符合人体工学
- 便于老人日常活动

- 建立自动报警系统
- 提高响应机制

- 安装明亮的暖光灯
- 提供安全感、归属感

- 在易察觉的地方安装开关
- 可视性与理解性

- 保持走廊过道的干净
- 适当容错机制

- 在任何需要的地方安装扶手
- 提供物理辅助

图 3-9 针对老年人的安全性设计指南

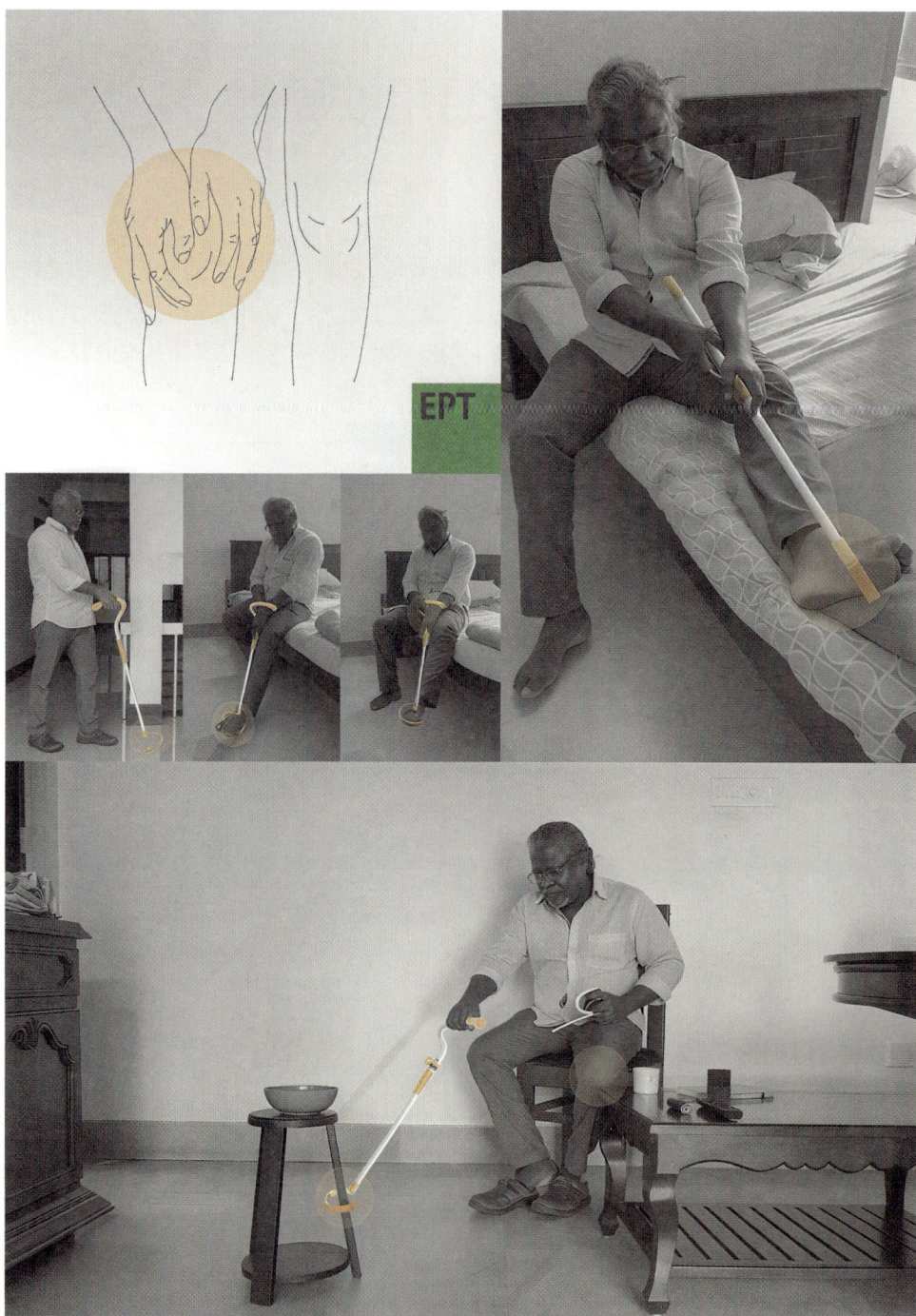

图 3-10 EPT 安全工学拐杖（图片来源：https://www.sohu.com/a/481669997_121124036）

（1）人体工学手柄：使用耐汗医用级硅胶，高度可调，适合不同身高的人群。

（2）桌面平衡器：使用再生塑料制成，符合可持续设计原则。

（3）夹式调节按钮：可旋转且位置可调，以匹配不同高度的桌面。

（4）形式与功能：提供悬挂功能，可以减少长时间使用时对手腕的压力；手杖底部具有流畅曲线，可在地面上平稳滑行，帮助用户轻松行走，且底部的抓地装置可防止用户在使用过程中滑倒；曲线形底部还可以作为挂钩，用户可以用它轻松获取物品，而不必从座位上站起来，降低了跌倒和发生其他意外事故的风险，提升了生活质量和心理安全感。

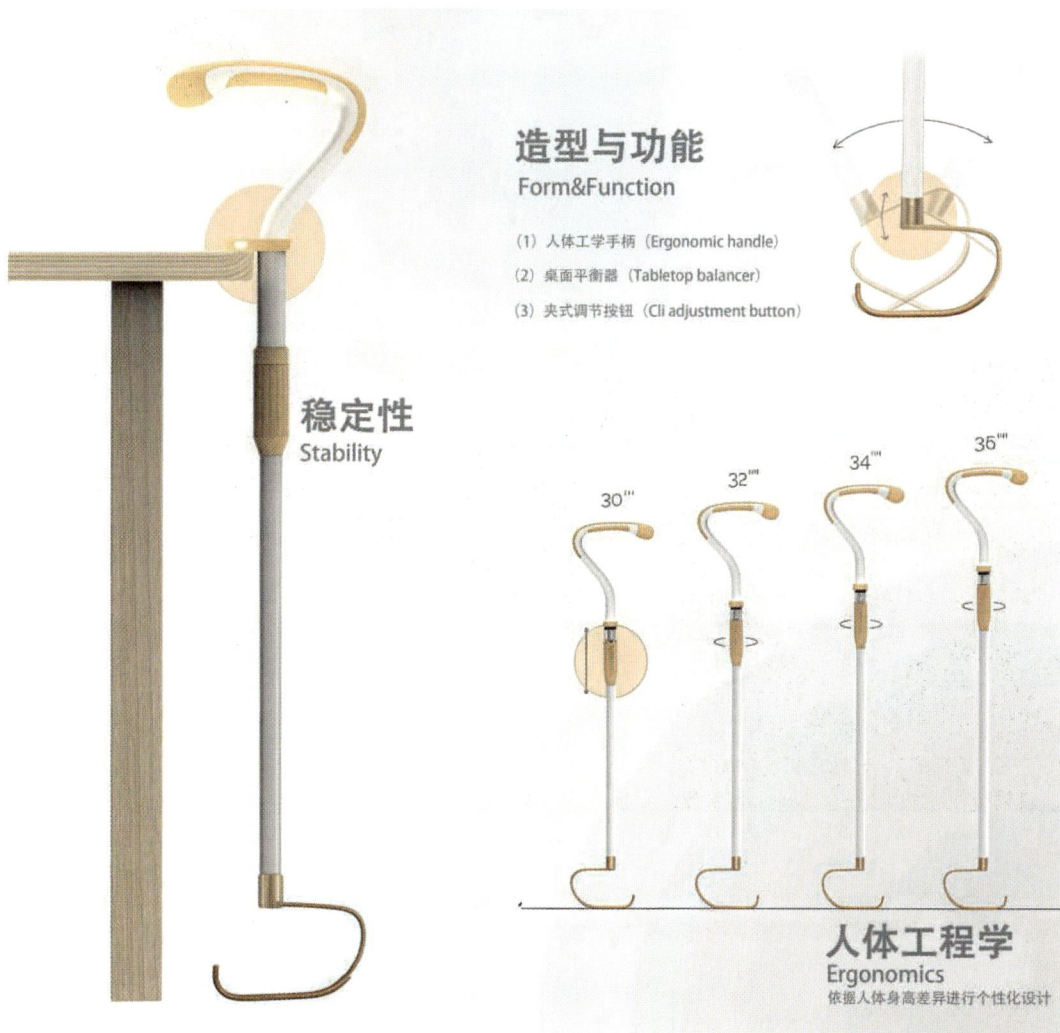

造型与功能
Form&Function

（1）人体工学手柄（Ergonomic handle）
（2）桌面平衡器（Tabletop balancer）
（3）夹式调节按钮（Cli adjustment button）

稳定性
Stability

人体工程学
Ergonomics
依据人体身高差异进行个性化设计

续图3-10

2. 衣夹便携追踪器

这款为老年人设计的便携追踪器小巧轻便，易于固定在衣物上，通过与手机应用程序连接，实时提供佩戴者的位置信息，保障老年人的安全。它还可以设置安全范围，当佩戴者离开预设区域时，系统会发出警报。此外，它集成了紧急求助系统，老年人可以在需要时按下设备上的按钮，向预设的联系人发送求助信息（见图3-11）。

这种追踪器特别适合患有记忆障碍或易迷路的老年人，帮助他们在日常活动中保持独立性，同时为他们的家人提供额外的安心保障。

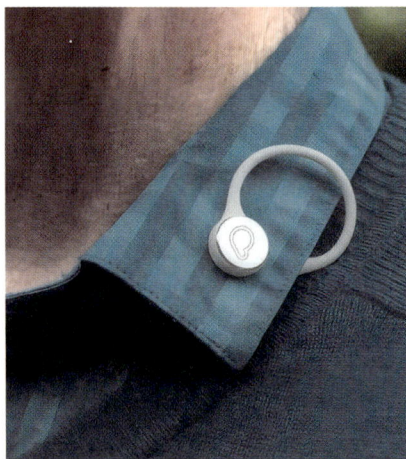

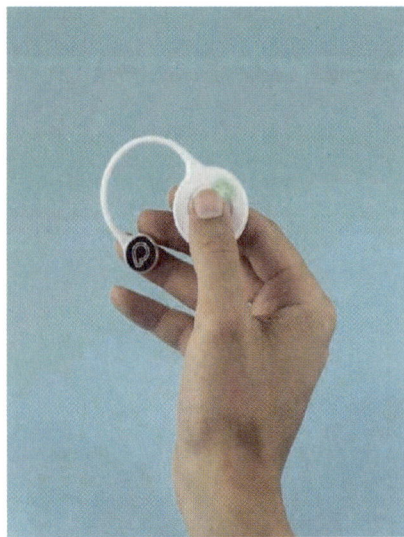

图 3-11 衣夹便携追踪器

038

四、尊重性与包容性设计

（一）尊重性在适老化设计中的重要性

1943 年，美国心理学家亚伯拉罕·马斯洛在《人类激励理论》中首次提出了马斯洛需求层次理论。马斯洛将人类需求从低到高分为五个层次，分别为生理需求、安全需求、爱与归属需求、尊重需求和自我实现需求。如果我们把这一理论应用到老年人群的需求研究中，我们可以清晰地看到各个层次需求的体现。目前，对我国老年人的需求状况的分析显示，老年人的生理和安全需求已得到基本满足，而高级需求——爱与归属需求、尊重需求、自我实现需求的满足现状仍令人担忧（见图 3-12）。

尊重性在适老化设计中至关重要。随年龄的增长，老年人劳动能力下降、社交圈缩小，易产生孤独感，所以更渴望得到社会的尊重与关注，期望在社区、家庭中保有尊严、自主能力，不愿被视作完全依赖者或失能者，即便行动受限，也希望能为家庭、社会做出贡献，寻得自身价值与生命意义。

（二）包容性在适老化设计中的重要性

包容性设计是一种旨在为尽可能广泛的用户群体提供平等使用机会的设计理念。它强调在设计过程中考虑所有人的多样性需求，包括不同年龄、性别、能力、文化背景的人群，确保产品和环境对所有人都友好、易用。

包容性设计不仅确保了老年人在使用产品和享受服务时能够获得平等的体验，还可以为老年人提供安全、易用且舒适的生活环境和产品，帮助老年人保持自尊和独立性，减少对外部帮助的依赖，从而提升他们的生活质量和社会参与度。这种设计方法不仅关注产品的功能性，更注重老年人在使用过程中的心理和情感体验。

包容性设计流程如图 3-13 所示。

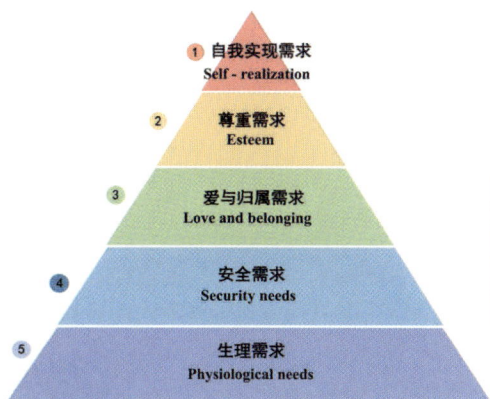

图 3-12 老年人需求层次模型

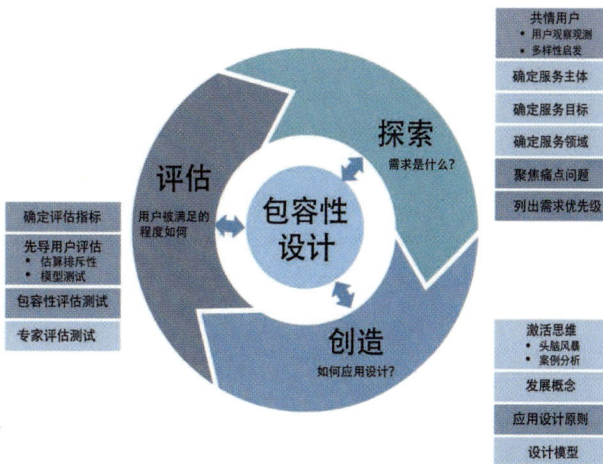

图 3-13 包容性设计流程

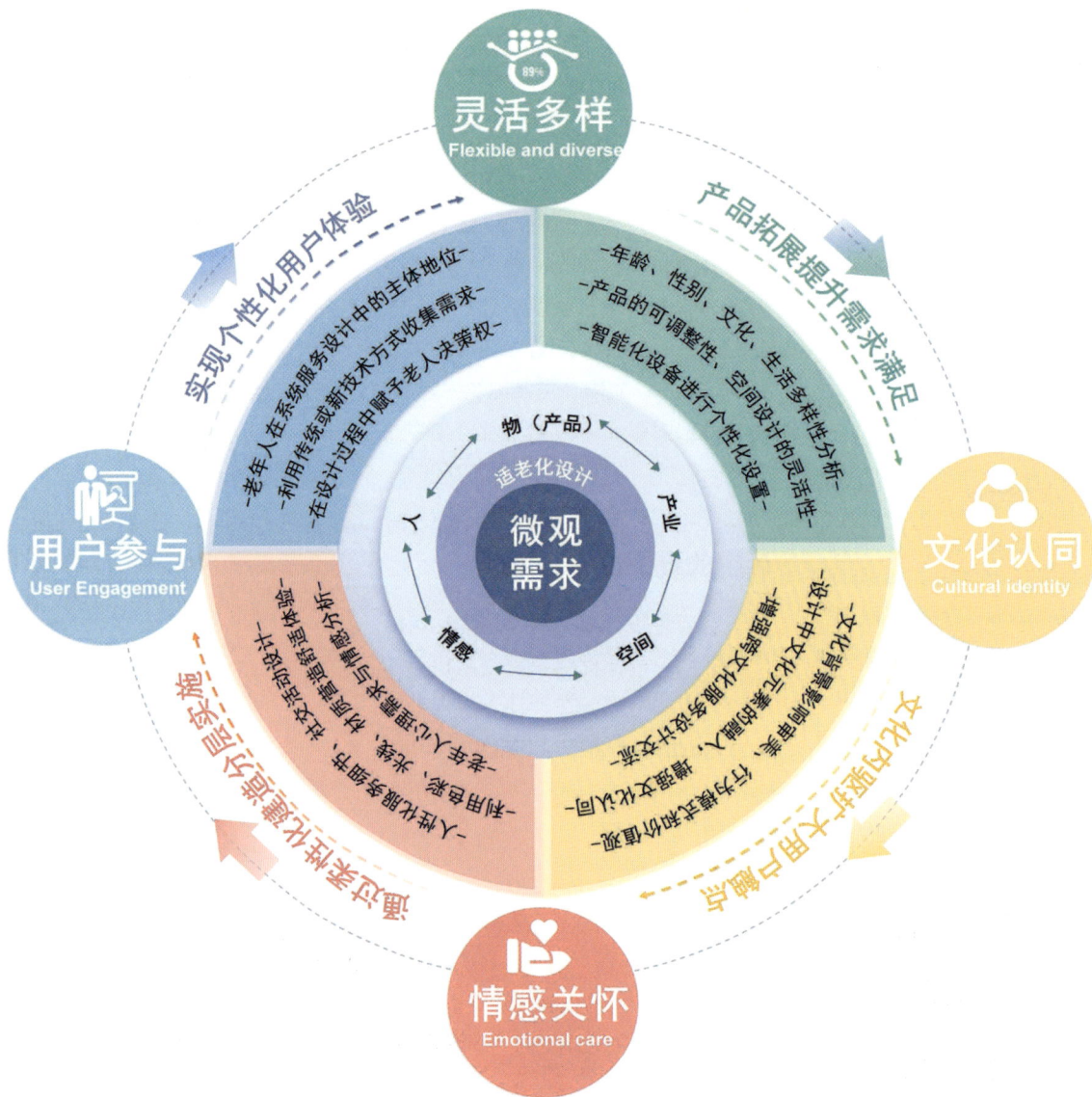

图 3-14 尊重性与包容性设计模型

（三）如何在设计中体现尊重性与包容性

1. 用户参与的自主性

在设计过程中，确保用户参与的自主性是体现尊重性与包容性的重要方式。通过让用户参与设计的各个阶段，设计师能够了解他们的真实需求和期望，从而创造出更符合用户期望的产品或服务。用户的反馈和意见在设计过程中应得到充分重视，避免设计师单方面的决策主导整个过程。通过这种方式，设计不仅变得更加个性化和用户友好，还使用户在使用过程中感受到被尊重和重视，从而提升了设计的接受度和用户的使用体验。

2. 多样性与灵活性

多样性与灵活性是包容性设计的核心原则，它要求设计能够适应不同用户群体的需求和偏好。在实际操作中，这意味着设计师应考虑到用户的性别、年龄、文化背景、身体能力等多种因素，并提供多种使用方式或选择。灵活性体现在设计的可调节性和适应性上，确保产品或服务能够满足用户的个性化需求。通过这些措施，设计能够更好地适应广泛的用户群体，从而实现真正的包容性和普遍适用性。

3. 尊重文化和背景

设计中尊重用户的文化和背景是实现包容性的重要方面。文化背景对用户的审美、行为模式和价值观有着深刻影响，因此设计时必须考虑到这些因素，避免使用可能引发误解或冒犯的元素。通过深入了解目标用户的文化和社会背景，设计师能够创造出更加贴近用户生活和需求的产品或服务，增强用户的认同感和使用舒适度。这不仅提升了设计的市场接受度，还促进了跨文化交流和理解。

4. 心理舒适和情感关怀

心理舒适和情感关怀在设计中扮演着至关重要的角色，它体现了设计师对用户情感需求的重视。符合用户心理预期且能够传递温暖和关爱的产品或服务，能够使用户在使用过程中感受到安心和愉悦。这种设计关注产品细节，如温和的色彩、舒适的材质，以及人性化的界面设计，能够有效减少用户在使用产品时的焦虑感和压力感，从而提升用户的整体满意度和幸福感（见图 3-14）。

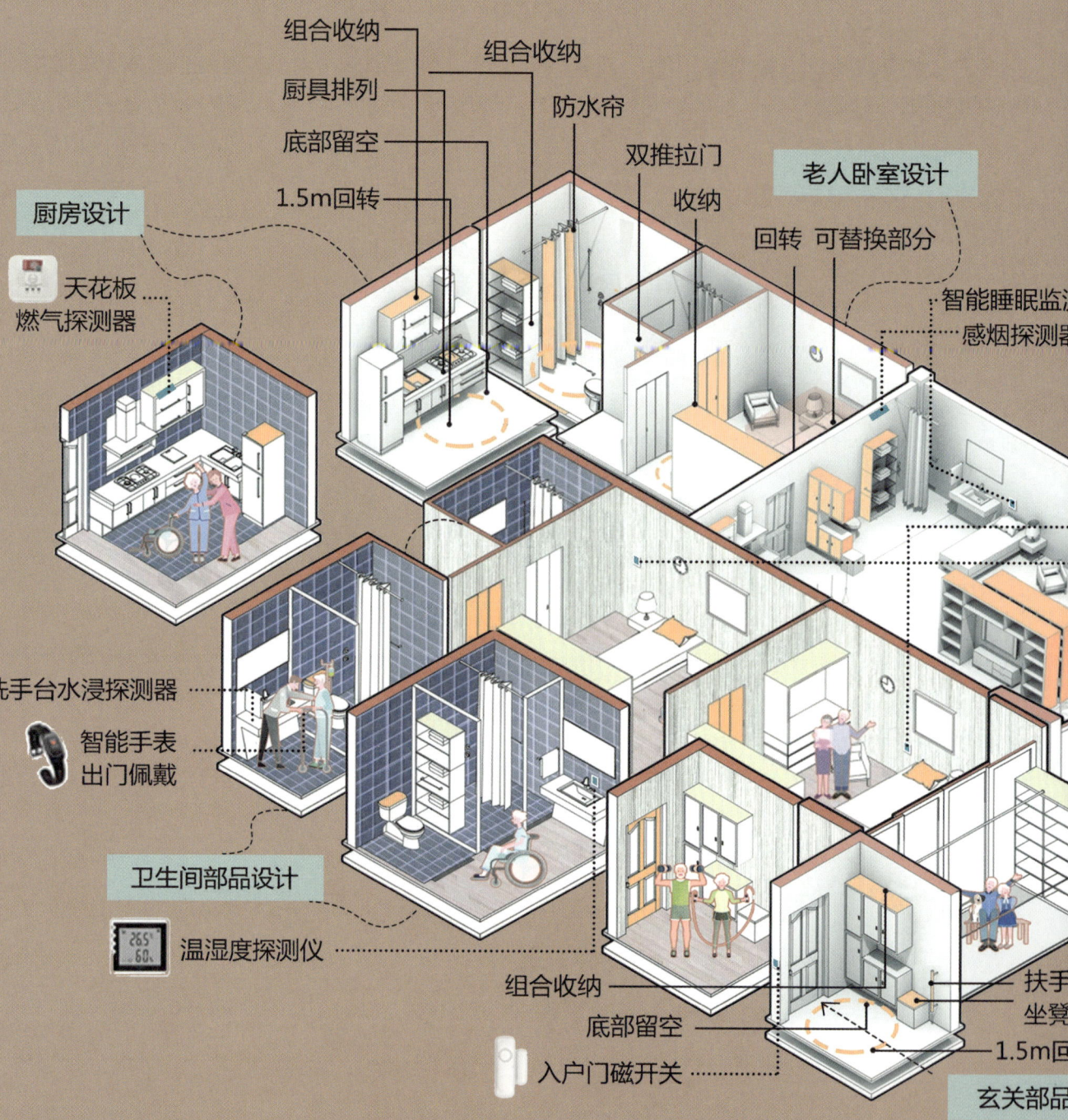

组合收纳

组合收纳

厨具排列

防水帘

底部留空

双推拉门

1.5m回转

收纳

厨房设计

回转　可替换部分

老人卧室设计

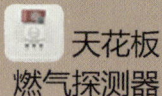

天花板
燃气探测器

智能睡眠监测

感烟探测器

洗手台水浸探测器

智能手表
出门佩戴

卫生间部品设计

温湿度探测仪

组合收纳

扶手

底部留空

坐凳

1.5m回

入户门磁开关

玄关部品

第四章

老年用户研究与需求分析

- 定义老年用户
- 老年用户的定性研究
- 老年用户的定量研究
- 老年用户需求识别与优先级排序

纳体系设计

人体红外探测器

床头紧急按钮
智能跌倒探测仪

伸缩晾晒

组合收纳

阳台紧急按钮

种植模块

1.5m回转

阳台设计

一、定义老年用户

（一）如何定义老年用户

设计的核心在于"以人为本"，以用户为中心的设计更是强调产品开发的每个阶段都要充分考虑用户需求。这一过程中，定义用户作为核心环节，旨在深入理解目标用户的特征

和需求。通过对人口统计特征和用户行为的分析，可以识别不同用户群体的需求与痛点，创建用户画像，为设计决策提供重要依据，确保产品能够有效满足用户的期望，提升用户的使用体验。

1. 用户角色

用户角色设计推动产品迭代。该设计通过定义典型用户的行为、需求和期望，为设计和服务开发提供指导（见图4-1）。设定用户角色后，设计师能预测用户行为，并通过实际测

6. 迭代角色设计
根据使用反馈调整，不断优化角色设计

1. 创建用户角色
创建老年用户角色

5. 角色与场景联系
明确老年人在特定情境下的行为表现

用户角色

2. 完善用户角色
通过用户访谈\亲和图\分析等多种方法与工具完善老年用户角色

4. 优先考虑用户角色
确保设计决策始终围绕老年群体中的核心用户需求展开

3. 识别用户行为模式
通过同理心地图\情景探究\用户旅程等方法识别老年用户行为模式

迭代设计　原型设计　构建与测试

图4-1 用户角色设计

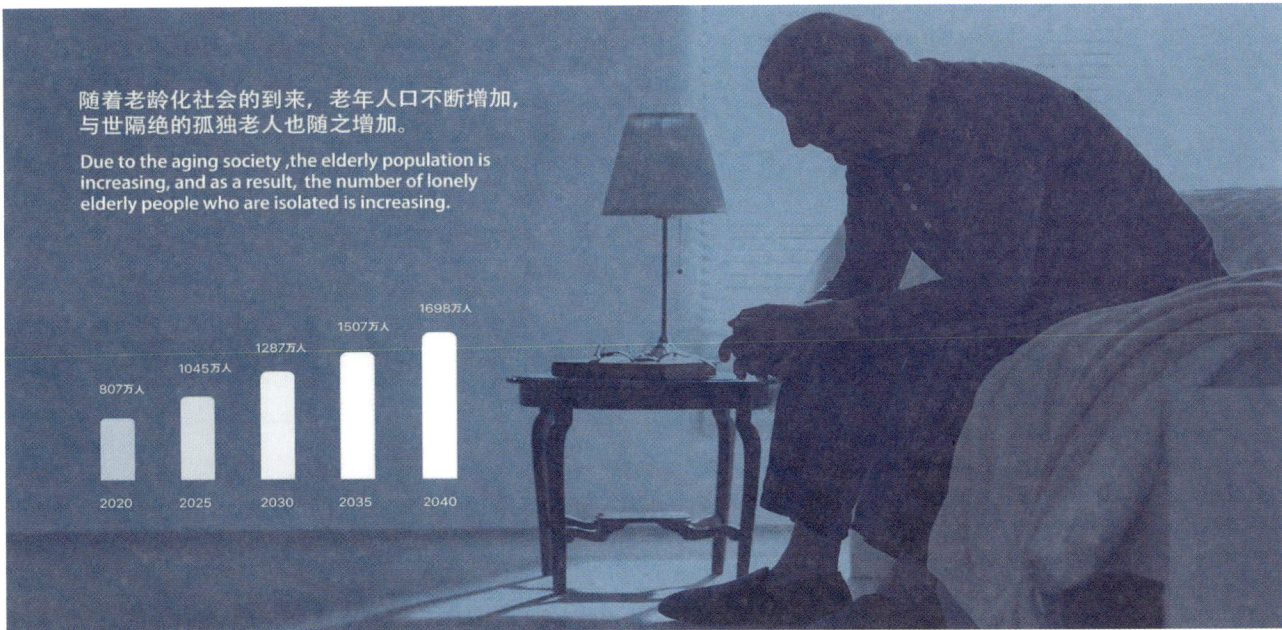

随着老龄化社会的到来，老年人口不断增加，与世隔绝的孤独老人也随之增加。

Due to the aging society, the elderly population is increasing, and as a result, the number of lonely elderly people who are isolated is increasing.

807万人 2020 | 1045万人 2025 | 1287万人 2030 | 1507万人 2035 | 1698万人 2040

图 4-2 定义老年用户角色

试验证和优化设计。随着反馈与测试的推进，设计方案不断得到调整，确保最终方案满足用户需求，且产品功能性、易用性、安全性得以提升。用户角色设计对明确目标、细化问题和提升产品适用性至关重要，应确保设计方案有效且可操作。

2. 定义老年用户

老年用户指 60 岁及以上人群。该群体面临身体机能下降、慢性疾病及认知能力变化，影响其生活和社会参与，此外，社会经济背景等诸多因素影响其实际需求与情感期望等方面。定义老年用户角色（见图 4-2）需全面理解其特征与需求，考虑多重因素，为后续研究和设计提供坚实基础。

（二）老年用户研究方法与工具

现有的设计学的研究方法和工具可以支持整个设计过程，让我们对用户进行研究。下面结合老年人的特点介绍几种常见的研究方法和研究工具。

1. 定性研究方法

定性研究方法通过使用定性数据收集工具获取非数值性、深层次的信息，主要关注老年用户的主观体验、社会互动和文化背景等方面。常见的定性研究方法包括深度访谈方法、观察研究方法和焦点小组讨论法等，这些方法能够有效捕捉老年用户的复杂需求和生活体验。

2. 定量研究方法

定量研究方法通过标准化程序和结构化的数据收集工具，获取精确、可重复的数据信息。定量研究侧重于测量变量之间的关系，并通过统计分析验证假设或识别模式，从广泛的样本中获取可量化的数据，以得出具有普遍性的结论。常见的定量研究方法包括问卷调查法、实验法和网络分析法等，这些方法能够有效捕捉老年用户的行为和需求特征。

3. 数据分析软件

数据分析软件是用于处理和分析数据的工具，旨在帮助研究者从数据中提取有意义的信息。根据分析的性质和复杂性，这些软件可分为不同类别，包括统计分析、定性数据分析、数据挖掘、机器学习工具等。

4. 数据可视化工具

数据可视化工具用于将数据以图形和图表的形式呈现，帮助设计师、用户直观地理解复杂的数据集。这些工具能够将数字和统计信息转换为易于解释的视觉形式，如图表、地图和仪表盘，从而揭示趋势和模式。常用的数据可视化工具包括 Photoshop（Ps）、Tableau 和 Power BI 等，这些工具通过清晰、直观的数据展示提升了信息的可读性和易用性。

起床
老年叫醒
智能化服务

吃早餐
记录老年人的饮食习惯
并根据老年人身体状况
进行饮食调节

锻炼活动
活动检测系统根据老年人
身体情况调节运动程度，
防止老年人在锻炼过程中出现
身体不适等症状

午睡
午睡检测系统检测
老年人睡觉时心率
等状况是否正常，
预防意外事件的发生

电子产品
电子产品是否方便
老年人使用，界面是否
简洁清楚，甚至
包括个性化服务

健康检测
智能化服务系统
对老年人一天身体
变化检测与记录情况
进行整理，并及时
做出相应反馈

早晨　　上午　　中午　　下午　　晚上

洗漱
卫生间是否有无障碍设施
智能检测系统（包括老年防摔
跌、急救呼叫系统）
等相关服务系统设计是否完善

健康检测
老年健康检测系统
智能化服务

吃午饭
记录老年人的饮食习惯
并根据老年人身体状况
进行饮食调节

社交活动
关注老年人社交活动需求，
以及社交活动过程中是否
有无障碍设计、智能服务系统

吃晚饭
记录老年人的饮食习惯
并根据老年人身体状况
进行饮食调节

夜间检测
夜间检测系统负责监测
老年人睡觉时心率等
状况是否正常，
预防意外事件发生；
并对老年人起夜等情况实时反馈

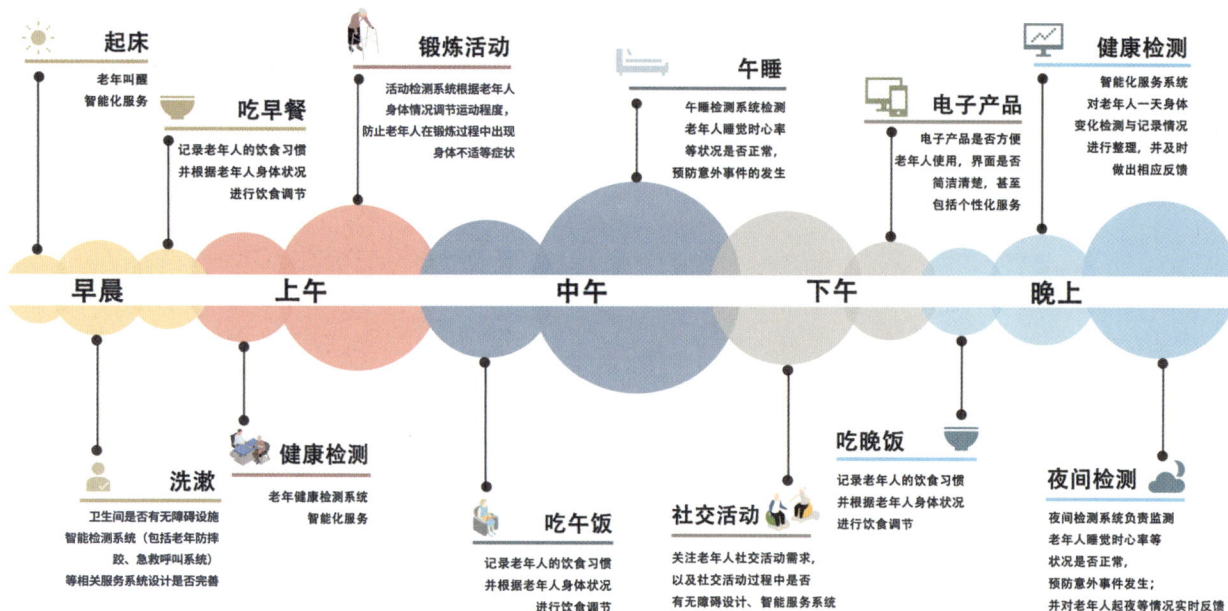

图 4-3 观察研究方法示意图

研究主题和目标：
焦点小组讨论的主题必须明确，与研究目标直接相关。核心是通过讨论了解特定人群对某个产品、服务、概念或现象的看法和态度。

参与者的选择：
参与者是焦点小组的关键组成部分，通常根据特定的人口统计特征或行为特征来选择，以确保他们能为讨论提供有价值的洞察。

讨论指南：
这是主持人用来引导讨论的框架，包含主要问题和分支问题。讨论指南的设计应确保问题能够引发参与者深入思考和互动。

主持人的角色：
主持人是焦点小组的核心，需要保持中立，避免引导性或主观评论。负责引导讨论、管理时间、鼓励参与者发言，并确保讨论不偏离主题。

讨论互动：
焦点小组的重点在于参与者之间的互动和交流，而不仅仅是单向回答问题。互动能够帮助挖掘多样化的观点，产生更有深度的讨论。

观点和情感：
参与者的情绪、态度和潜在动机是核心数据，焦点小组要收集他们的情感反应，有助于理解他们行为背后的深层次原因。

激发创意和反馈：
焦点小组有时会用来收集参与者的创意和建议，特别是对产品改进或新概念的反馈。这是获取真实用户体验和潜在需求的重要途径。

群体动力：
焦点小组可以通过观察参与者的互动方式，发现潜在的意见领袖、群体共识、冲突或分歧，这些都是分析的一部分。

非语言反馈：
焦点小组还通过观察参与者的面部表情、肢体语言等非语言信号来获取反馈，这些非语言信息通常能够揭示参与者更真实的感受。

记录与分析：
完整的记录和分析是焦点小组的核心内容之一。通过录音、视频或笔记，将讨论过程中的主要见解和观点总结出来，以供后续分析和报告。

图 4-4 焦点小组讨论法核心内容

二、老年用户的定性研究

在老年用户研究领域，定性研究以其深厚的洞察力和对复杂情境的理解力，成为深入理解这一特定人群需求、体验和行为模式的关键方法。与定量研究相比，定性研究更加注重与老年用户的直接互动和深入交流，旨在捕捉他们在日常生活中的真实感受、面临的挑战以及那些难以量化的细微差异和复杂情境。这种方法不仅能够揭示老年用户内心深处的需求和期望，还能够为产品设计和服务优化提供更为细腻和深入的洞见，从而推动产品和服务的不断创新与优化。

（一）深度访谈方法

深度访谈方法是定性研究中一种极具价值的手段，它能够帮助设计师深入了解老年用户的个人体验和深入见解。在访谈过程中，设计师通过耐心倾听和细致提问，与老年用户之间建立信任关系。这不仅有助于设计师捕捉到老年用户的真实需求，还能够深入了解他们的生活背景、心理状态以及对产品或服务的具体期望。为了确保访谈的有效性和深入性，设计师在访谈过程中需要保持高度的耐心和细心，使用老年用户熟悉的语言和表达方式，避免使用过于专业或生僻的术语，以确保双方能够顺畅交流。同时，使用相关设备进行记录也是必不可少的，这有助于设计师在后期对访谈内容进行系统分析和总结，提炼出有价值的观点和建议。

（二）观察研究方法

观察研究方法（见图4-3）是一种通过直接观察和记录行为、事件或情境来收集数据的方法。在老年用户研究中，这种方法具有极高的实用价值。通过观察老年用户在自然状态下的行为表现和不同环境中的细微差异，设计师能够更直观地了解老年用户的行为模式和互动模式，以及他们在特定情境下的反应和应对策略。这不仅有助于设计师发现老年用户在使用产品过程中可能遇到的障碍和困难，还能够为产品设计和服务优化提供更为具体和实用的建议。为了确保观察研究的有效性和准确性，设计师需要在观察过程中保持高度的专注和敏锐，同时避免对老年用户的正常行为造成干扰或影响。

（三）焦点小组讨论法

焦点小组讨论法（见图4-4）是另一种重要的定性研究方法，它能够帮助设计师深入了解老年用户的集体观点和意见。在小组讨论中，老年用户能够围绕特定话题展开深入讨论和交流，分享彼此的经验和看法。这种互动不仅能够激发更多的讨论和反馈，还能够帮助设计师更全面地了解老年用户的需求和期望。为了确保焦点小组讨论法的有效性和深入性，设计师需要在讨论前做好充分的准备和规划，包括确定讨论话题、选择合适的参与者和营造轻松友好的氛围等。同时，在讨论过程中，设计师还需要适当控制讨论的时间，确保讨论能够聚焦于特定话题并取得实质性成果。此外，使用视频会议软件（如Zoom）或录音设备记录讨论过程也是必不可少的，这有助于设计师在后期对讨论内容进行系统分析和总结，提炼出有价值的观点和建议。

三、老年用户的定量研究

老年用户的定量研究（见图4-5）通过统计分析来理解和评估老年群体的需求、行为和态度。这种研究方法依赖于结构化的数据收集工具，能够为研究提供具体的、可度量的结果。通过问卷调查、实验设计等，研究人员能够获得大量数据，从而揭示老年用户的特征和行为趋势，为相关政策制定和产品设计提供有力支持。

（一）问卷调查法

问卷调查法是一种常用的定量研究方法。通过这种方法，研究人员能够收集大量的老年用户数据，以了解他们的基本需求、使用习惯以及对产品或服务的满意度。为了保证调查的有效性，研究人员通常使用在线问卷调查工具，如 Google Forms、SurveyMonkey 或问卷星等。这些工具不仅简化了数据收集过程，还提高了响应率，为研究提供了可靠的量化数据支持。

（二）数据整理与预处理

在老年用户的定量研究中，数据整理与预处理是确保研究质量的重要步骤。设计师应及时对收集到的数据

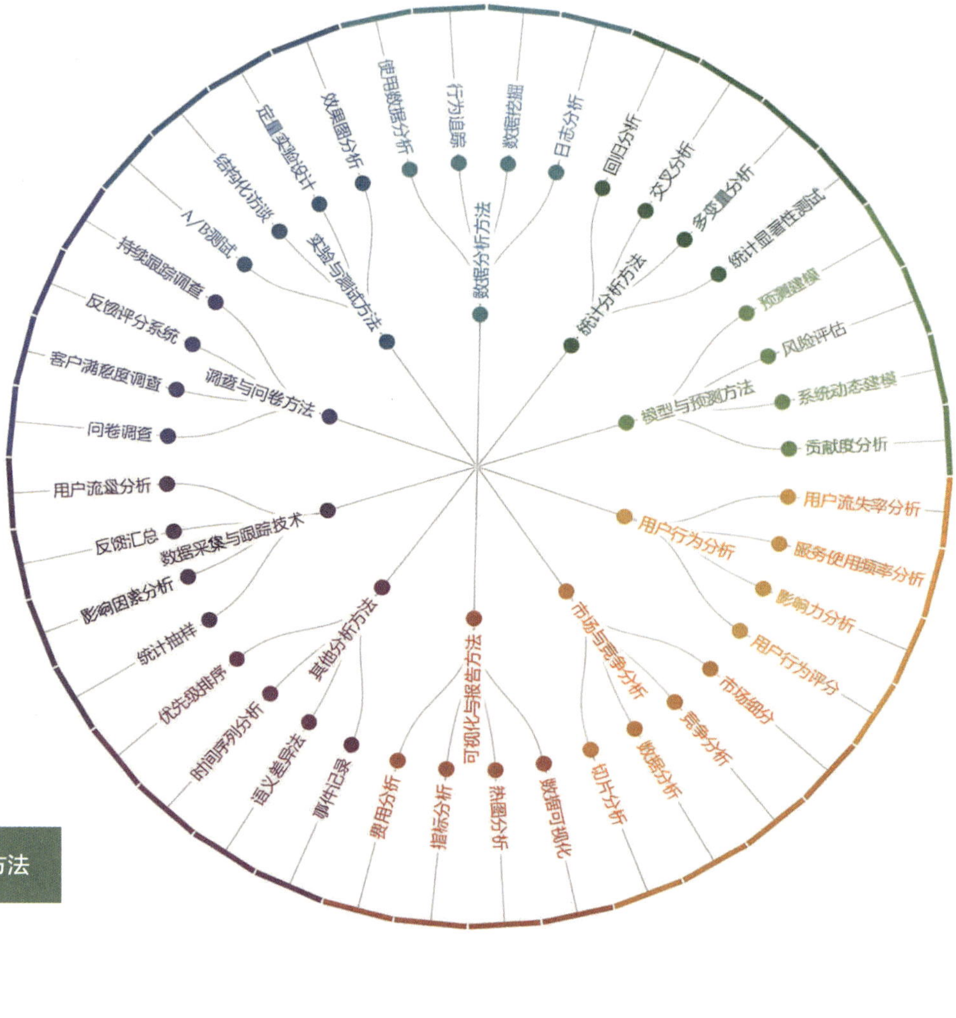

图4-5 定量研究常用方法

进行整理，以去除无效、重复或错误的记录。数据预处理还包括标准化和归一化，确保不同来源的数据能够在同一标准下进行分析。经过整理和预处理的数据将更为准确，为后续的数据分析提供可靠的基础，从而更好地理解老年用户的需求和行为。

（三）定量数据分析

通过多种统计方法对收集到的数据进行分析，明确用户的需求、行为和态度。设计师通常利用统计软件如 SPSS、Excel 等对数据进行描述性统计分析、推断统计分析和回归分析。

这些分析不仅能够识别数据中的趋势和模式，还能验证研究假设，提供可靠的结论。最终，通过数据可视化工具将分析结果以图表形式呈现，帮助设计师更直观地理解分析结果。（见图 4-6）

老年人使用数字技术困难情况

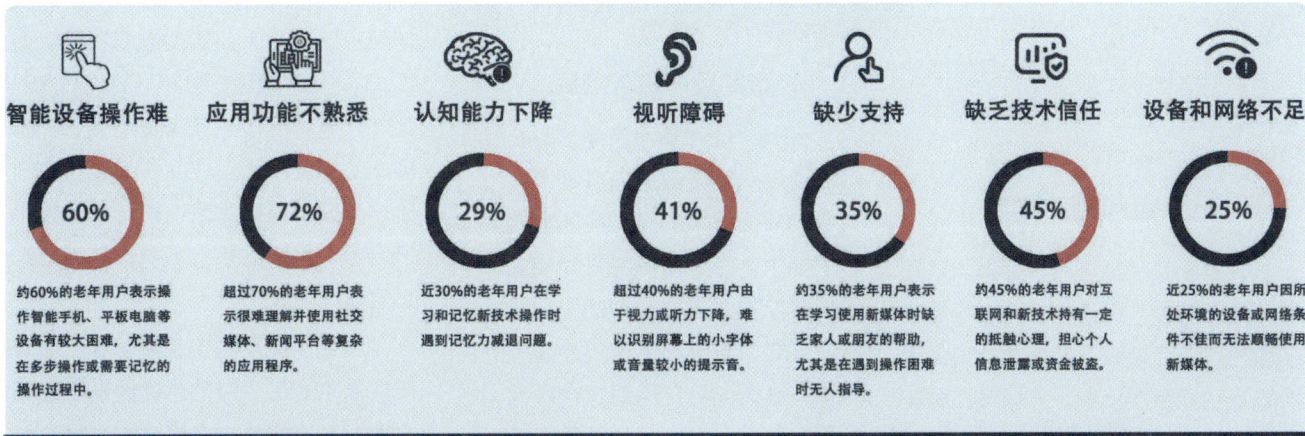

智能设备操作难 60%
约60%的老年用户表示操作智能手机、平板电脑等设备有较大困难，尤其是在多步操作或需要记忆的操作过程中。

应用功能不熟悉 72%
超过70%的老年用户表示很难理解并使用社交媒体、新闻平台等复杂的应用程序。

认知能力下降 29%
近30%的老年用户在学习和记忆新技术操作时遇到记忆力减退问题。

视听障碍 41%
超过40%的老年用户由于视力或听力下降，难以识别屏幕上的小字体或音量较小的提示音。

缺少支持 35%
约35%的老年用户表示在学习使用新媒体时缺乏家人或朋友的帮助，尤其是在遇到操作困难时无人指导。

缺乏技术信任 45%
约45%的老年用户对互联网和新技术持有一定的抵触心理，担心个人信息泄露或资金被盗。

设备和网络不足 25%
近25%的老年用户因所处环境的设备或网络条件不佳而无法顺畅使用新媒体。

老年群体居家面临状况分类情况

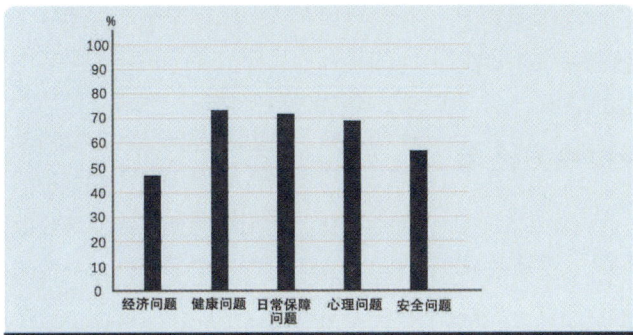

（柱状图：经济问题、健康问题、日常保障问题、心理问题、安全问题）

老年群体活动需求情况

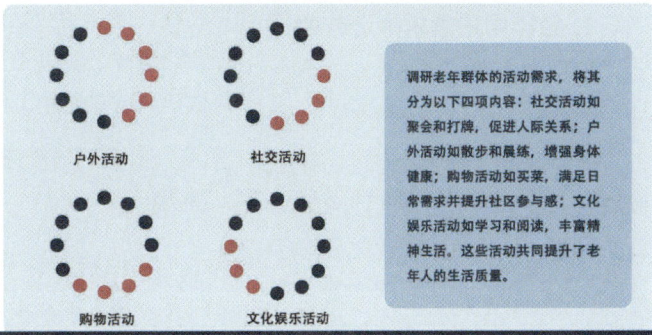

户外活动　社交活动
购物活动　文化娱乐活动

调研老年群体的活动需求，将其分为以下四项内容：社交活动如聚会和打牌，促进人际关系；户外活动如散步和晨练，增强身体健康；购物活动如买菜，满足日常需求并提升社区参与感；文化娱乐活动如学习和阅读，丰富精神生活。这些活动共同提升了老年人的生活质量。

图 4-6 定量分析数据可视化示意图

四、老年用户需求识别与优先级排序

老年用户需求识别与优先级排序是适老化服务系统设计的关键环节。在前期系统评估设计中，设计师运用定性和定量数据，精准识别老年用户的核心需求并进行排序。这一过程不仅为后期适老化服务系统设计提供了明确的方向和依据，还贯穿了整个设计与实施的各个阶段，确保最终成果能够有效满足老年用户的实际需求，为其成功落地奠定了坚实基础。

（一）老年用户需求

通过系统性地调研、筛选与整理老年用户需求，形成一个清晰的需求体系，为适老化服务系统设计提供明确的方向和科学依据，确保最终解决方案能够真正提升老年用户的生活质量与使用体验。

1. 老年用户需求筛选与整理

老年用户需求筛选与整理阶段，设计师通过对调研数据的系统性分析，去除冗余和重复的信息，聚焦关键需求；根据需求的重要性和紧急程度，对需求进行分类和优先级排序。最终，整理出以老年用户体验为核心的需求，形成清晰、结构化的需求清单，为后续的设计与开发提供明确的指导方向。

2. 老年用户需求分析

在对调研收集的数据进行深入分析时，设计师识别老年用户的关键需求和常见问题，结合需求的紧迫性和影响力，确定优先级。同时，归纳出老年用户在使用产品或服务中的行为模式和障碍，形成具体的设计建议。这一分析过程为更好地满足老年用户需求提供了科学依据。

3. 老年用户需求挖掘

深入挖掘老年用户需求时，设计师需通过对调研数据的多维度分析，在识别表面需求的同时关注隐藏的深层次需求。分析用户的行为模式、使用场景及其背后的心理动因，找出现有产品或服务未能满足用户需求的关键点。结合用户反馈与定性数据，归纳出影响老年用户体验的核心因素，并针对性地提出改进建议。通过这一过程，能够更全面地理解老年用户的实际需求，为适老化服务系统设计提供更具针对性和可行性的指导。

（二）优先级排序方法与应用

使用科学评估工具，对老年用户各项需求的重要性进行排序。此过程可实现资源精准分配，优化设计方案，以满足老年用户的核心需求。通过持续反馈与调整，提升设计效果，从而提高老年用户的生活质量和使用体验。

1. 优先级排序原则

老年用户需求优先级排序旨在通过综合评估各项需求对老年用户体验和生活质量的影响，结合技术可行性和资源配置，确定各项需求的重要性。在这一过程中，应优先处理那些对老年用户价值最大且实现难度较低的需求，以确保有限的资源得到合理分配。此外，排序过程应具备灵活性，能够根据实际反馈和用户需求的变化进行动态调整，以确保最终设计方案始终符合老年用户的核心需求，从而提升其整体体验。

在适老化服务系统设计中，老年用户需求的优先级排序建议从下面几方面展开。首先，安全性应当放在首位，包括环境的安全性、健康监测和紧急响应系统，确保老年人生活在一个无忧的环境中。其次，基本生活需求的满足不可忽视，如饮食、居住和医疗服务，这些是老年人生存的基础。再次，心理和社交需求也应被重视，提供社交活动和情感支持能够有效提升老年人的生活质量。此外，个性化与可持续性是设计的核心原则，考虑到老年用户的个体差异，应提供量身定制的服务，同时确保这些服务具备长期适应性。通过综合考虑这些因素，能够更好地识别老年用户的需求并对其进行排序，进而提升适老化服务系统的整体效果，创造一个更友好的生活环境。

2. 优先级排序方法

充分确认老年用户群体的需求后，可以运用 KANO 模型、MoSCoW 分析法和层次分析法（AHP）等多种方法对老年用户需求进行优先级排序。其中，KANO 模型（见图 4-7）通过分析需求对用户满意度的影响，将需求分为魅力型需求、基本型需求、无差异型需求、反向型需求、期望型需求，指导设计团队在优先级排序时关注用户满意度的提升。MoSCoW 分析法（见图 4-8）则将需求分为四个类别：必须有、应该有、可以有和不应有，帮助设计师明确哪些需求是关键。确定需求优先级排序结果并制定适老化服务系统的设计方案，同时需跟踪实施效果，依据实际反馈不断调整需求优先级，以确保设计方案始终符合老年用户的需求。

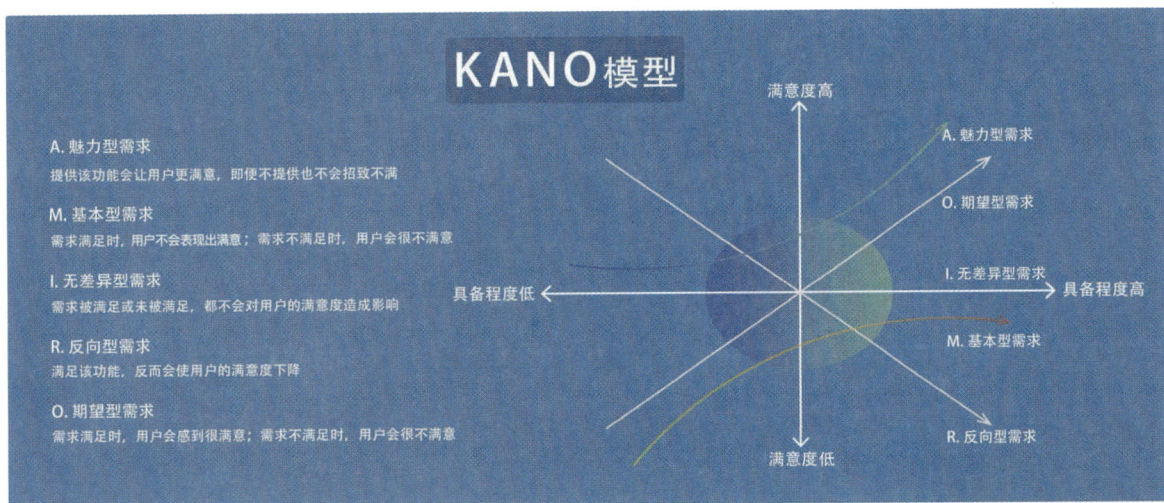

图 4-7 KANO 模型

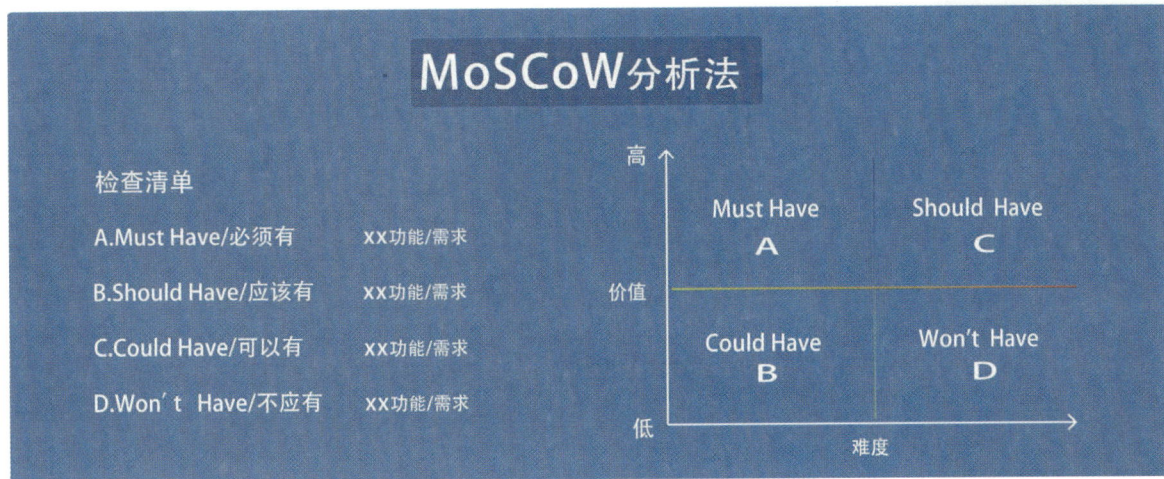

图 4-8 MoSCoW 分析法

组合收纳

组合收纳

厨具排列　防水帘

底部留空　双推拉门

收纳

1.5m回转　　回转　可替换部分

老人卧室设计

厨房设计

天花板
燃气探测器

智能睡眠监测

感烟探测器

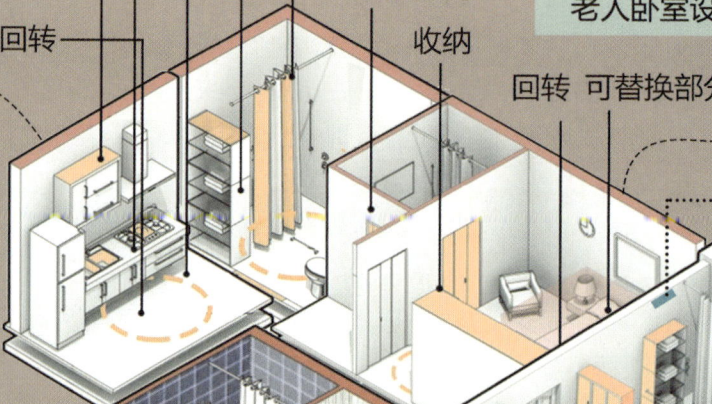

洗手台水浸探测器

智能手表
出门佩戴

卫生间部品设计

温湿度探测仪

组合收纳

底部留空

入户门磁开关

扶手

坐凳

1.5m回

玄关部品

第五章

适老化服务系统界面设计

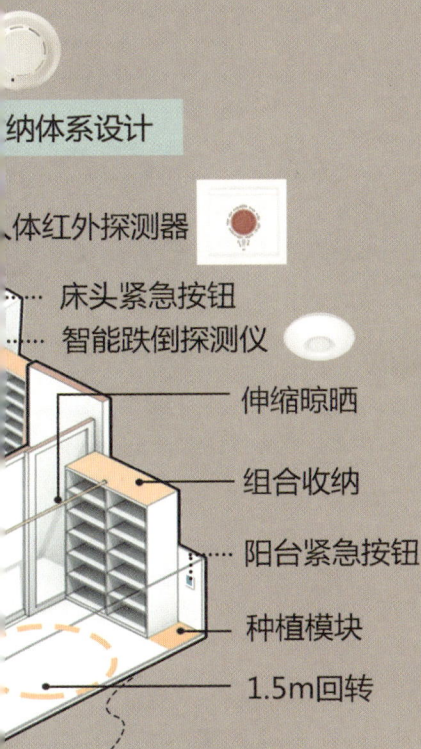

纳体系设计

人体红外探测器

床头紧急按钮

智能跌倒探测仪

伸缩晾晒

组合收纳

阳台紧急按钮

种植模块

1.5m回转

阳台设计

- 适老化服务系统界面的设计风格
- 字体、背景与图标的设计
- 界面布局与导航设计
- 语音交互与触控反馈设计

图 5-1 拟物化风格图标

图 5-2 扁平化风格

一、适老化服务系统界面的设计风格

在适老化服务系统的界面设计中，目前市场主流风格有拟物化风格、扁平化风格和轻拟态风格。这三种风格随着设计趋势的发展和用户需求的变化逐渐演化，各自具备不同的优势与局限性。设计者可以根据具体场景及用户需求来灵活选择。

（一）拟物化风格

拟物化风格是指模拟现实物品的造型和质感，通过叠加、高光、阴影、纹理、材质、透视等效果突出细节，增强视觉刺激。拟物化风格图标大多使用生活中的真实物品来反映产品的实际功能，帮助用户轻松上手，一目了然地了解各项功能（见图 5-1）。在进行适老化服务系统界面设计时，在界面元素中引入用户现实生活中熟悉的对象，可帮助其依据已有经验轻松掌握正确的界面控制方法，大大降低用户的学习成本，减少新用户的使用障碍，缓解操作时的不安感。

拟物化风格设计有方便识别、直观易懂、易用性强的优点，但也存在一些问题。拟物化风格设计成本较高，难以更新迭代，优化空间受到限制，并且精致的界面会导致元素过于拥挤，易产生视觉疲劳，不符合大多数人的使用习惯。另外，部分设计者过度在意拟物化风格图标的细节打造，试图在外观上完全模仿现实物品，注重质感与纹理的还原，但有些界面设计与实际功能存在区别，甚至大相径庭，从而存在一定割裂感。因此，在采用拟物化风格设计时要注意取舍，细节太复杂或者太简略都容易使用户困惑，难以识别设计者想表达的内容；也要尽量满足用户对品质的追求，选取合适的材质和纹理。不同的元素能带来不一样的观感，例如金属元素能产生科技感、木质和皮质元素能营造年代感、自然元素能产生亲和感等，同时合理规划，加入恰当的光影与色彩，增强图标的立体效果，能够带来更好的视觉感受。

（二）扁平化风格

如果说拟物化是还原物体的三维质感，那扁平化就是二维的视觉表现。扁平化风格把光影、纹理、透视都忽略，通过线与面构成简单的图形，相比拟物化风格的精致更显抽象、简洁，视觉效果更舒适（见图 5-2）。扁平化风格的抽象对老年用户群体有一定的弊端，老年人的认知能力有限，很难对采用扁平化风格的图标、组件进行识别。

扁平化设计（flat design）这一概念在 2008 年由 Google 提出，其核心意义是去除冗余、厚重和繁杂的装饰效果。具体表现为去掉了多余的透视、纹理、渐变以及能做出 3D 效果的元素，这样可以让"信息"本身重新作为核心被凸显出来，同时在设计元素上强调抽象、极简和符号化。优秀的界面交互设计既要实现形式上的简约，也要保证技术上的简洁，追求少即是多、以简驭繁，重点突出并保持一种内在的和谐。

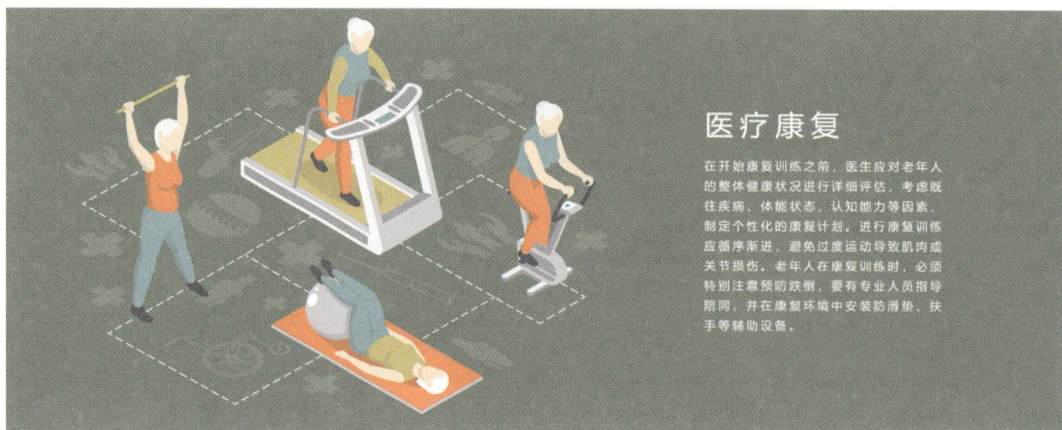

医疗康复

在开始康复训练之前，医生应对老年人的整体健康状况进行详细评估，考虑既往疾病、体能状态、认知能力等因素，制定个性化的康复计划。进行康复训练应循序渐进，避免过度运动导致肌肉或关节损伤。老年人在康复训练时，必须特别注意预防跌倒，要有专业人员指导陪同，并在康复环境中安装防滑垫、扶手等辅助设备。

辅助设备

在开始使用任何辅助设备之前，确保辅助设备根据老年人的身高、体型进行调整，以达到最佳的使用效果，如助行器的高度应保证使用者的舒适。如果在使用辅助设备过程中出现疼痛或不适，应立即停止训练并咨询医生。

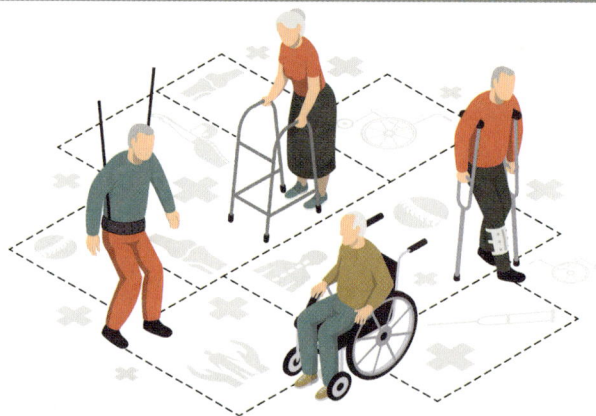

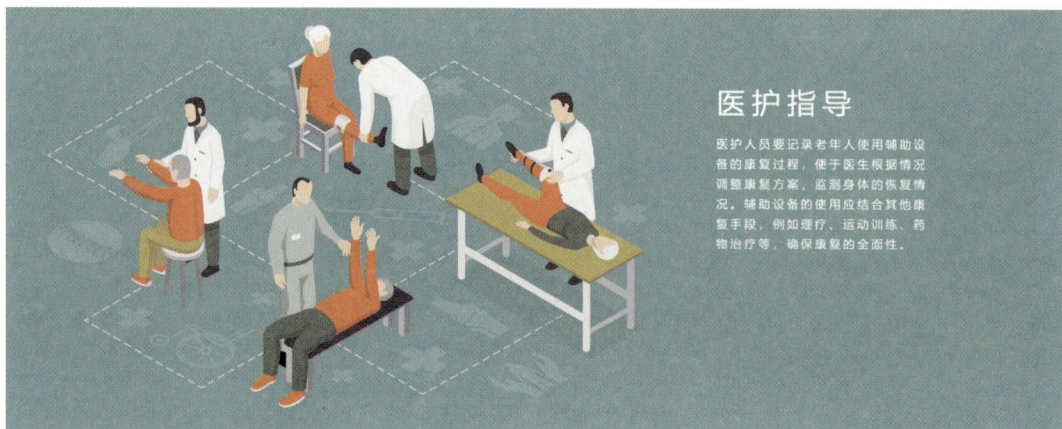

医护指导

医护人员要记录老年人使用辅助设备的康复过程，便于医生根据情况调整康复方案，监测身体的恢复情况。辅助设备的使用应结合其他康复手段，例如理疗、运动训练、药物治疗等，确保康复的全面性。

图 5-3 扁平化风格界面

扁平化风格还十分考验设计师的配色功力，毕竟人在观察物体时，色彩在人的视觉印象中占据最初感觉的80%左右。另外，设计师要准确把握颜色中蕴藏的情感，贴合用户的情感认知，进而更好地调动用户的情感。扁平化风格界面如图5-3所示。

（三）轻拟态风格

轻拟态风格是一种结合了拟物化设计与极简设计的新兴设计风格，其保留了拟物化设计的精细质感和视觉层次感，但在整体上更倾向于简洁与轻量化。这种风格在简化设计的同时，保留了真实物体的某些特征，使界面设计既具有真实感又保持了现代简约风格（见图5-4）。

轻拟态风格注重极简设计的理念，图标、按钮和其他UI元素在保留一定的立体感和质感的基础上，去除了复杂的细节，显得干净而具有现代感；在视觉效果上强调温和性，避免强烈的对比效果。相较于拟物化设计，轻拟态设计中的阴影和高光更加柔和、轻微，整体呈现出更加舒缓的视觉体验。

轻拟态风格是通过高光和阴影营造出悬浮的效果，比扁平化风格更加精简，华为HarmonyOS UX设计理念宣传片就采用了轻拟态风格。轻拟态风格营造的简洁氛围与留白的空间感，和以往信息元素较多的界面风格形成了强烈的对比，受到众多年轻人的青睐，一些潮牌APP也跟风改版；然而，由于界面过于简洁，操作的交互性不明显，难以普及，不适用于大部分用户。对于老年用户来说，其弊端更明显，包括功能性不明确、操作指向模糊、色彩对比过于柔和等。因而当前的轻拟态风格界面不能满足老年用户的需求。

三种界面设计风格的优缺点如图5-5所示。

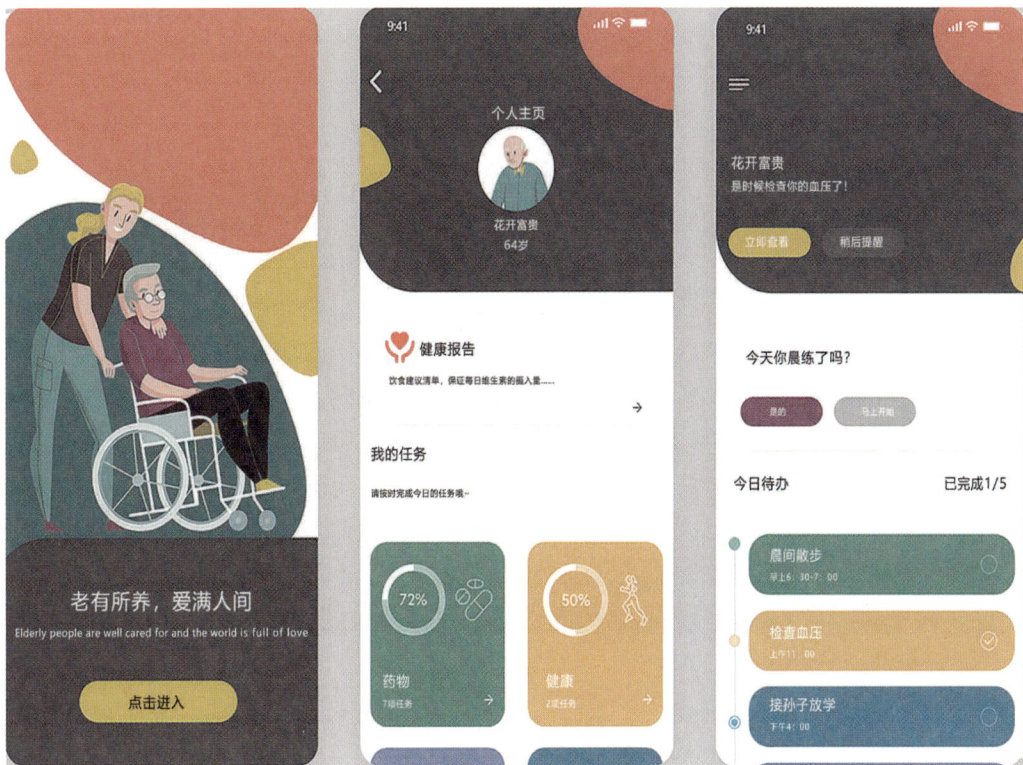

续图5-3

图 5-4 轻拟态风格界面

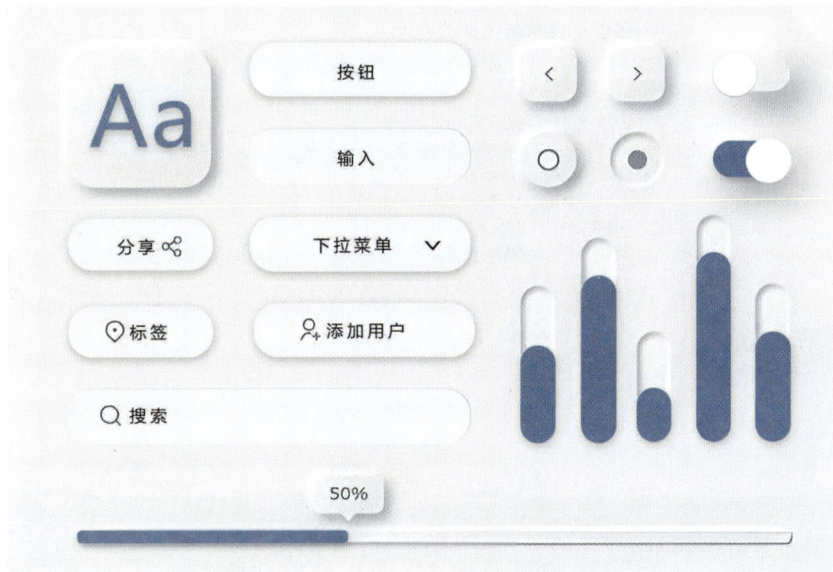

续图 5-4

适老化服务系统界面的设计风格

	中文名称	英文名称	特点	优点	缺点
1	拟物化风格	Skeuomorphism	模拟现实物品的造型和质感，通过叠加、高光、纹理、材质、阴影等效果对实物进行再现	认知和学习成本低	会限制功能本身的设计
2	扁平化风格	Flat Design	去除冗余、厚重的装饰效果，使用更直接的设计来完成任务	突出内容主题，简约而不简单	需要一定的学习成本，传达感情不丰富
3	轻拟态风格	Skeuominimalism	保留了拟物化设计的精细质感和视觉层次感，但在整体上更倾向于简洁与轻量化	阴影和高光更加柔和，整体呈现出更舒缓的视觉体验	操作的交互性不明显

图 5-5 三种风格的优缺点

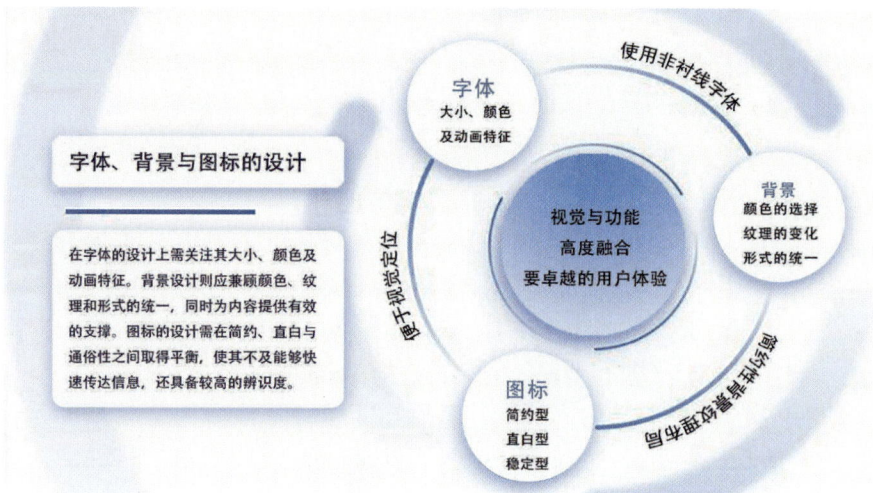

图 5-6 字体、背景与图标的设计

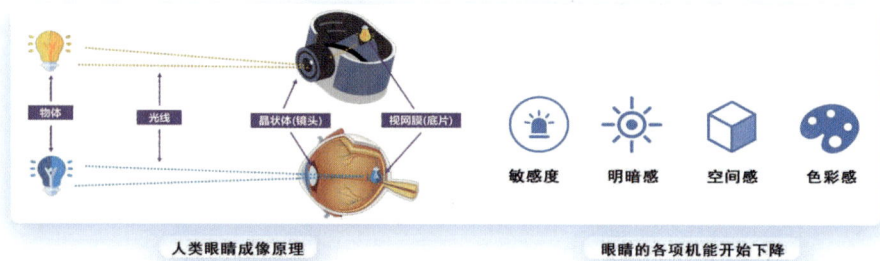

图 5-7 为什么老年群体看不清楚

图 5-8 适老化设计不能只考虑"大"

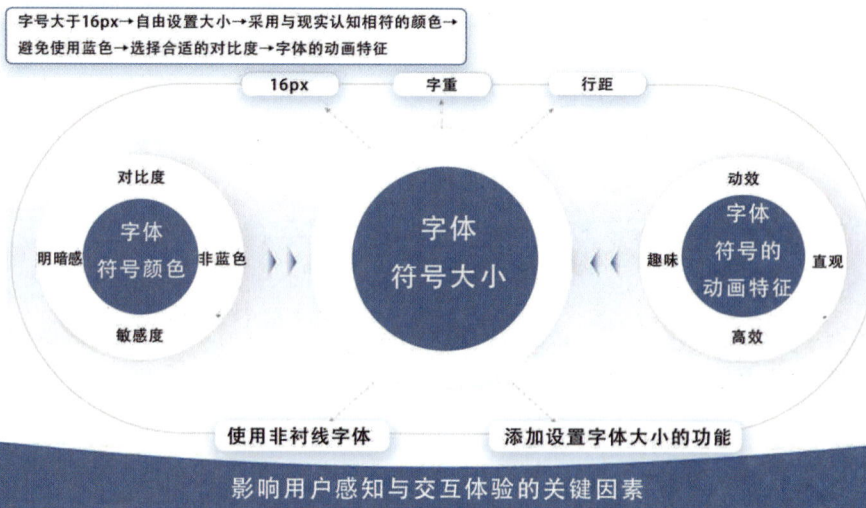

图 5-9 影响用户感知与交互体验的关键因素

二、字体、背景与图标的设计

在界面设计中，字体、背景与图标的设计应经过精细考量，以确保整体视觉效果的平衡。在字体的设计上，为了确保文本的可读性、动态效果的合理呈现，需关注其大小、颜色及动画特征。背景设计则应兼顾颜色、纹理和形式的统一，确保界面具有视觉上的和谐美感，同时为内容提供有效的支撑。图标的设计需在简约、直白与通俗性之间取得平衡，使其不仅能够快速传达信息，还具备较高的辨识度。（见图5-6）

（一）服务系统界面字体设计

人的眼球就像一台精密的照相机，晶状体和角膜的共同作用相当于凸透镜，视网膜相当于光屏；我们看物体时，是通过睫状肌的收缩和舒张来调节晶状体的弯曲程度，改变晶状体的焦距，使远近不同的物体都能在视网膜上形成清晰的缩小、倒立的实像。然而，随着年龄的增长，晶状体逐渐硬化，睫状肌功能减弱，导致物体无法清晰聚焦在视网膜上（见图5-7）。研究表明，人在40岁时，视网膜的光线射入量大约只有20岁年轻人的50%，而到了60岁，这一比例降至20%。这一生理退化现象直接导致老年人在视觉敏锐度、明暗感知、空间感知和色彩感知等方面出现显著下降，进而引发视物不清的问题。

设计师应避免将适老化服务系统界面设计简化为单纯的"放大版"解决方案，即仅通过加大字体、提升音量或扩大屏幕尺寸来应对老年用户需求（见图5-8）。这种过于片面的处理方式忽略了整体界面的兼容性，可能导致页面元素的布局错乱，甚至出现验证码错位等问题，从而增加了使用难度，反而给用户带来了不必要的困扰。适老化设计应注重全局的优化，通过深入洞察老年用户的实际使用情境，提供真正有效且兼容的设计方案，平衡视觉、听觉等多感官体验，提升用户的交互体验与便利性。

在界面设计中，字体大小的设置关系到信息的可读性和视觉层级感，需要考虑不同用户群体的需求。颜色的选取则应综合考虑可读性、对比度及情感传达，确保在多样化场景下有效提升信息的辨识度。而字体与符号的动画特征应遵循流畅与自然的原则，既要增强对用户的视觉引导，又需要避免过度动态效果带来的干扰，确保用户获得舒适的体验（见图5-9）。

字体一般分为衬线体（serif）和非衬线体（sans-serif）。衬线体，即所谓的"字脚"，指的是具有边角装饰的字体，而非衬线体则以机械化、线条粗细均匀、无边角装饰为特征（见图5-10）。非衬线体通常具有更大的字形和更简洁清晰的结构，从而提高了文字的可读性，因此，非衬线体在文本内容较多或屏幕空间有限的情况下更为适用。衬线体则因具有优雅的装饰性边角，能够增强短句的美感，通常被用作标题或短篇文本的首选字体，以增强视觉吸引力和美学效果。

衬线体

适老化 ❌

非衬线体

适老化 ✓

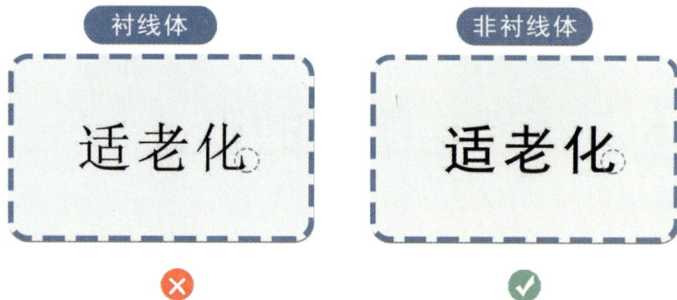

图 5-10 衬线体和非衬线体的区别

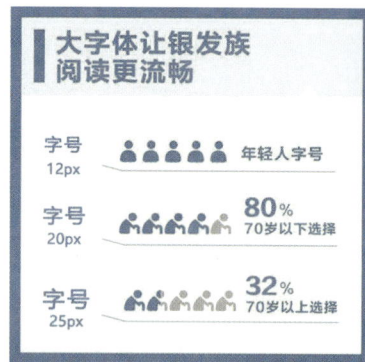

大字体让银发族阅读更流畅

字号 12px — 年轻人字号

字号 20px — **80%** 70岁以下选择

字号 25px — **32%** 70岁以上选择

图 5-11 大字体让银发族阅读更顺畅

图 5-12 书籍阅读对字号大小的要求

字体大小 SIZE

64px 思源黑体 →	用于特定场景，加粗使用
48px 思源黑体	用于需要突出的文字，加粗使用
40px 思源黑体	用于模块大标题，加粗使用
36px 思源黑体	用于标题栏，加粗使用
32px 思源黑体	用于模块标题或分类标题，加粗使用
28px 思源黑体	用于正文、大段文本
24px 思源黑体	用于金刚区、tab栏、提示文字
20px 思源黑体	用于小标签、容器内文字

字重 Weight

思源黑体 **Heavy**	阿里巴巴普惠体 **Heavy**
思源黑体 **Bold**	阿里巴巴普惠体 **Bold**
思源黑体 Medium	阿里巴巴普惠体 Medium
思源黑体 Regular	阿里巴巴普惠体 Regular
思源黑体 Light	阿里巴巴普惠体 Light

图 5-13 字体大小与字重示意图

ℹ 连接中 ……

✓ 连接成功

ℹ 嘿！您知道吗 …… ✕
请注意此次警告，但不用过分担心。

✓ 嘿！您知道吗 …… ✕
请注意此次警告，但不用过分担心。

⚠ 警告

❗ 无法连接

⚠ 嘿！您知道吗 …… ✕
请注意此次警告，但不用过分担心。

❗ 嘿！您知道吗 …… ✕
请注意此次警告，但不用过分担心。

图 5-14 不同颜色的提示框

1. 字体大小

随着年龄的增长，老年人的视野范围逐渐缩小，因此在设计有大量文本的界面时，需特别注意以下要点。

（1）文本字号不小于 16 像素。

尽管有研究表明 12 像素的字体已能满足正常阅读需求，但对于大多数用户，尤其是老年人而言，这一字号依然显得过小，有时连 15 像素的字体也可能导致潜在用户因阅读困难而放弃继续浏览。那么，为什么建议将文本字号设为 16 像素？研究发现，呈现在屏幕上的 16 像素的文本的大小与印刷品（如书籍和杂志）中的文本相似，契合人们的阅读习惯。此外，在屏幕上阅读时，用户与屏幕之间的距离是一个不可忽视的重要因素。而 16 像素的字体在带给用户舒适阅读体验的同时，也能更好地适应屏幕与用户之间的距离，确保信息传递的清晰和高效（见图 5-11）。

书籍的印刷字体一般设置为 10 ～ 12 磅。在数字化场景中，16 像素的屏幕字体能够在视觉效果上与印刷字体相匹配，从而带给用户相同的阅读体验。所有文本内容都应根据适当的比例进行放大，特别是在设计按钮上的文本时，字体应保持较大尺寸，且不应小于 16 像素（见图 5-12）。

在产品设计中，常见的字重为 Regular 和 Medium（见图 5-13）。然而，对于老龄化产品，为了进一步提高文本的可读性，建议在这两种字重的基础上增加一个额外的字重，通过加粗文本来使文字轮廓更加鲜明。这种做法能有效增强文字的清晰度，优化老年用户的阅读体验。

（2）添加设置字体大小的功能。

在屏幕分辨率受限的情况下，通常将文字行间距设为字号的 1.5 ～ 1.8 倍，会带来更为舒适的视觉效果。然而统一的标准方案可能无法满足所有用户的需求，单纯追求大字体反而可能降低阅读效率。因此建议在设置中为用户提供自定义字号的选项，并提供多种尺寸以适应不同的阅读需求。设计师应根据内容的层次结构，如标题、正文和注释，逐级调整字号，或根据内容的重要性采用不同大小的字体，以提升文字的辨识度和设计的层次感。

2. 字体和符号颜色

在界面设计中，字体、符号颜色的设计应避免过多色彩的混用，以免造成视觉上的混乱和信息的无序感，应优先选用与背景色形成明显对比的颜色，使文字在视觉上更加突出，从而提升文本的可辨识度，确保信息传递的清晰和有效性。

（1）采用与现实认知相符的颜色。

老年人往往依赖既有经验来理解事物，因此，在设计过程中应注重界面的易用性和直观性，以减少老年群体的学习成本。例如，在日常生活中，十字路口的红绿灯以绿色代表通行，黄色代表等待，以红色代表停止。这种颜色传达的意义已深植于用户的认知体系，在设计重要提示时可以借鉴这一原则，在色彩的使用方面与老年人对现实生活中颜色的认知保持一致（见图 5-14）。

（2）避免使用纯黑色字体。

为了缓解长篇幅文字所带来的视觉负担，应避免使用纯黑色字体，建议选择深灰色等柔和的色调，这能够有效减轻视觉压力，使文本更为轻盈流畅。此外，随着年龄的增长，老年人对色彩对比度的敏感性显著下降，尤其在蓝色与紫色的辨别上较为困难，对绿色的识别能力也明显减弱。鉴于老年人的视觉系统对蓝色的感知较为迟钝，界面的重要元素应减少蓝色的应用。

图 5-15 对比度色环

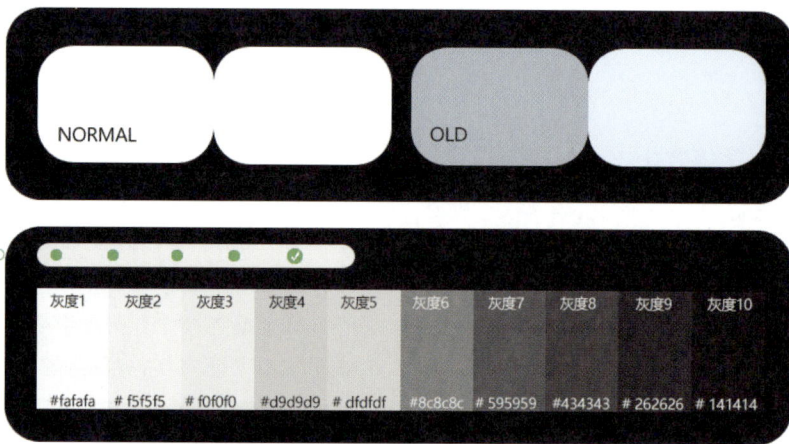

界面中的信息与背景间的色域跨度至少为 5

图 5-16 界面信息与背景色域跨度要求

（3）选择最合适的对比度。

在界面交互中，用户需要快速识别界面各个元素以便进行正确的操作。通过使用高对比度的色彩，按钮和图标等交互元素变得更加醒目，可帮助用户轻松地辨别哪些元素是可点击的，这有助于减少由视觉混淆引发的误操作，进而提升操作的准确性。对于老年用户来说，这种设计可以让他们在浏览界面时更轻松地找到所需的信息和功能，从而更加高效地完成操作，减少搜索的时间成本。此外，低对比度和模糊的界面可能会导致眼睛疲劳，而高对比度的色彩方案能够增强文字和图像的可辨识度，从而有效缓解老年用户的眼部不适（见图 5-15）。在"Web 内容无障碍指南（WCAG）2.0"中提到了色彩无障碍设计 AA 级标准，即小文本与背景的对比度至少为 4.5 : 1；大文本（加粗的 14pt/ 普通的 18pt 及以上）与背景的对比度至少为 3 : 1（见图 5-16）。

虽然有些用户需要高对比度，但也有部分用户（如有阅读障碍的群体）对高亮度的颜色是无法辨别的，他们需要低对比度。为了满足这样的特殊群体的需求，设计应包含可定制化的色彩主题选项。这意味着网站或应用程序应提供一个用户友好的界面，允许用户根据个人偏好调整文本颜色、背景色以及链接、按钮等元素的色彩对比度。通过提供多种预设的色彩方案或允许用户自行选择颜色代码，可以确保每位用户都能找到最适合自己的视觉呈现方式。

3. 字体和符号的动画特征

随着科技的飞速发展，新媒体不断涌现，字体、符号的"动画化"也应运而生。相比于静态的文字或图片，动画化的字体、符号能够更加生动、直观地表达信息，通过视觉效果传达情绪、增强叙事性。好的动画效果与视觉设计是互补的，针对老年群体在界面使用过程中可能遇到的困惑，可以通过引入字体、符号的动画设计，以动画效果来表达静态效果无法准确传达的信息，如反馈、引导下一步、状态表达等。这种设计不仅更加吸引老龄用户，还能增强他们对信息的理解，达成释义性、观赏性和趣味性的完美结合。

（二）服务系统界面设计

在服务系统界面设计中，背景颜色的选择、纹理的简化以及形式的统一共同构成了提升用户体验和界面功能性的重要因素，能够增强操作的流畅性和系统的专业感。这些设计策略，尤其是针对老年用户和特殊需求群体的考量，能够有效提升服务系统的可用性和无障碍性，确保广泛的用户群体能轻松、舒适地进行操作。

1. 采用互补色作为界面背景

在数字化界面设计中，互补色作为对比最强烈的色彩组合，能够在视觉上形成明显的冲突和对比效果，让元素更加醒目和突出。背景色与字体颜色采用互补色，能够有效增强界面中的视觉对比，使字体更加清晰可见。与近年来流行的莫兰迪色系等低饱和度色彩相比，鲜艳的色彩和强烈的对比效果更容易吸引老年群体的关注，同时在实际操作中也更具实用性。

常见的互补色组合有红绿、蓝橙、黄紫等，但在数字化界面设计中，纯度和明度较高的互补色往往难以直接使用，因为它们可能会显得过于刺眼，不符合美学要求。通常情况下，设计师会选用一种颜色作为主色调，辅以小面积的互补色来提升界面的视觉质感。此外，通过降低色彩的纯度和明度，或者引入黑、白、灰等中性色进行调和，可以有效减少互补色之间的冲突感，从而使界面更加和谐统一。

2. 简化背景纹理

背景纹理的简洁性同样重要，好的背景纹理设计应当遵循简约而不失深度的原则，既要能够增强界面的可读性与实用性，为信息传达提供有力支持；又要构建视觉层次，赋予界面以空间感，尽量不过多吸引用户的注意力，从而促进用户的沉浸感。采用与老年群体阅读习惯和记忆偏好相契合的简约性背景纹理布局，可以有效防止多样化主题对用户思维的潜在干扰，确保信息吸收的连贯性。

3. 统一背景形式

鉴于老年群体的操作习惯往往已经固定，界面背景设计要具有一致性，即相同功能在不同页面或模块中的展示方式应该保持统一。如此一来，老年人便能依据视觉记忆线索，整合和提取所需信息，从而使操作过程更加顺畅。同时，为同类型的操作提供一致的反馈机制，不仅能够增强老年用户对界面操作的熟悉感，使他们更快地适应并掌握界面的风格与交互逻辑，还能显著提升整体使用体验，让界面变得更加友好（见图 5-17）。

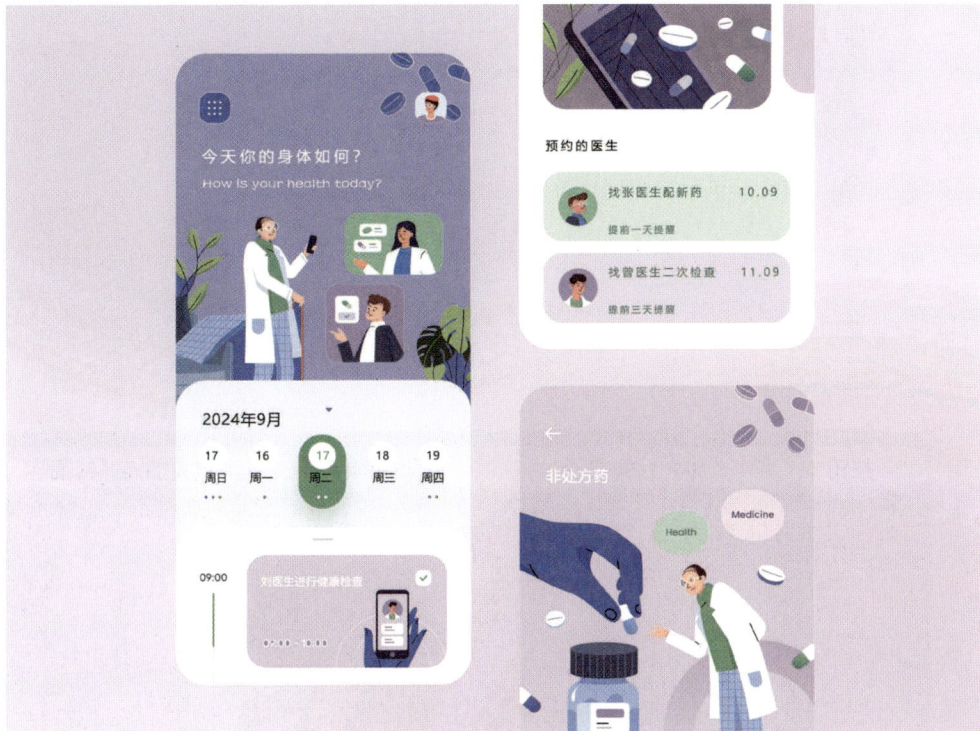

图 5-17 适老化 APP 案例

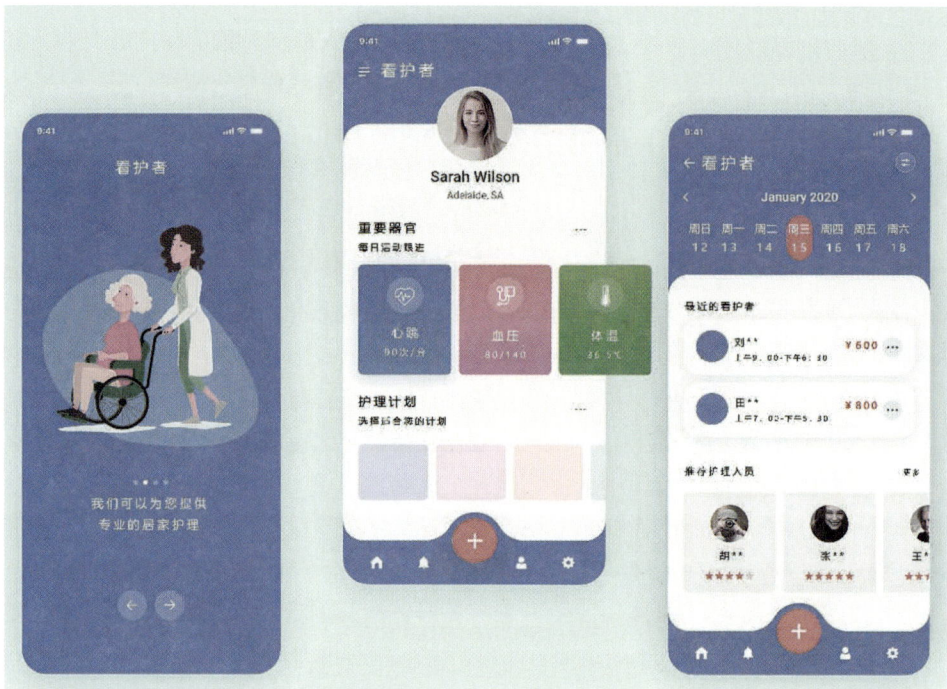

续图 5-17

图 5-18 简约型图标

图 5-19 辅以文字的具象图标

（三）服务系统界面图标设计

图标是界面必备的元素之一。清晰、直观的图标具有明确指代含义，便于视觉定位，也便于识别和记忆。在服务系统界面图标设计中，简约型设计强调以最少的元素表达最丰富的信息，通过精炼的线条和色彩搭配，去除冗余装饰，使图标看起来干净利落，便于用户快速识别。直白型设计则直截了当地展现图标的核心意义，避免使用复杂或隐晦的符号，确保用户一眼就能理解图标所代表的功能或状态。稳定型设计强调界面的持续一致性，旨在减少因界面变动带来的学习负担和适应障碍，从而确保老年用户能够轻松地操作数字设备。

1. 简约型

老年群体普遍面临视觉对比敏感度下降的问题，对于复杂的界面图形可能会分辨不清，尤其是手机屏幕上的图标，其显示尺寸往往被限制在极小的范围内，如常见的 120 像素 ×20 像素，甚至更小。因此，在适老化服务系统界面的图形设计中要尽量采用简洁的设计元素，避免小尺寸图标看不清晰甚至无法识别，同时也能在一定程度上提升图形的质感，使界面整体更美观（见图 5-18）。

2. 直白型

相关设计规范明确提出，图标应拥有简单友好和高辨识度的特征。通常适老化服务系统界面设计最直接的方式是增大图标和按钮的尺寸，达到易操作、易读的目的。此外，图标应尽量采用拟物化、通用化的设计，图标语义尽可能具有老年人的生活时代特征，符合他们的认知习惯，图标越具象，老年人使用起来越方便。虽然图标本身具有强大的表达功能，但辅以适当的文字描述同样至关重要（见图 5-19）。

考虑到老年群体在逻辑推理与抽象思维能力方面的自然衰退，图标设计应当更加注重遵循自然感知规律，避免采用过于晦涩难懂或高度抽象的元素（见图 5-20）。例如，在天气应用中，直接以云朵代表阴天，太阳代表晴天，这样的设计直观易懂；在音乐播放软件中，采用音符作为核心图标，直观传达软件的功能；而在调节音量时，则以放大的喇叭图标配以清晰的增减标识，直观展现音量变化。

3. 稳定型

老年群体对新事物的适应能力较差，从初次接触新技术到熟练掌握，他们往往需要更长的时间。老年人的学习曲线相较于年轻人更为平缓，他们倾向于保持现状，不轻易接受大的变化。因此，在设计面向老年用户的数字化可视界面时，设计师倾向于采用稳定且易于理解的图形表现方式。在系统更新迭代过程中，为了迎合用户的使用习惯，图标、导航栏、控件等关键元素的变化往往被控制在最小范围内，确保界面的一致性。

图 5-20 避免使用不易识别的图标

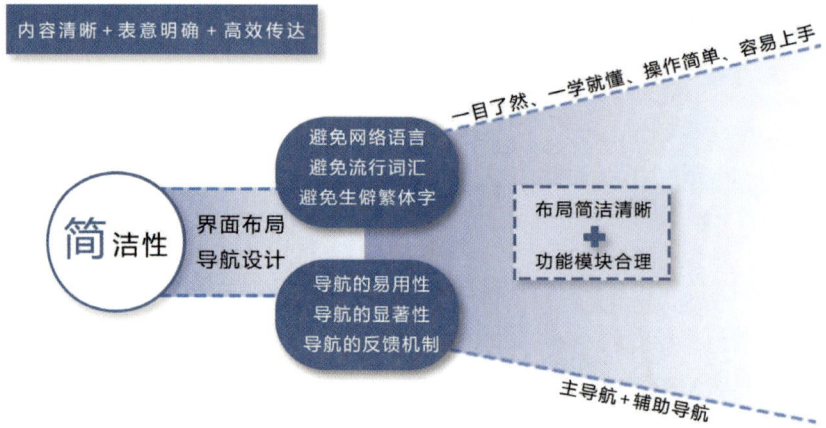

图 5-21 界面布局与导航设计

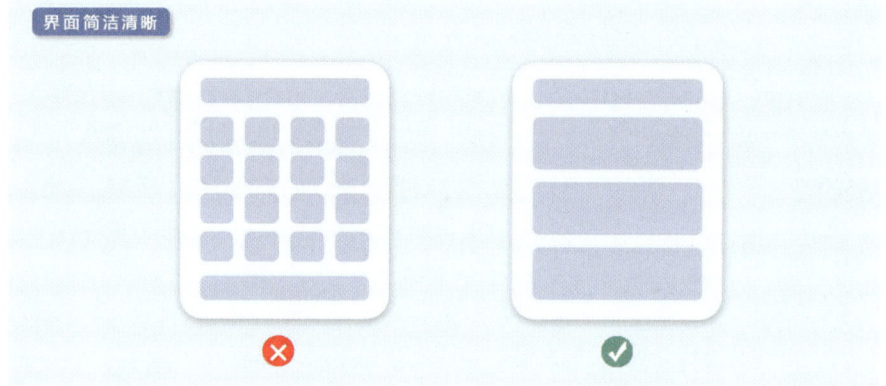

图 5-22 界面布局要简洁清晰

图 5-23 某 APP 布局示意

三、界面布局与导航设计

在适老化服务系统界面设计中，界面布局与导航设计应紧密围绕用户的直观体验展开，力求达到"一目了然、一学就懂、操作简单、容易上手"的设计目标。界面布局应简洁清晰，功能模块合理分布，避免过多的干扰元素。同时，导航设计要具备易操作、显著性等特点，并且建立及时的反馈机制，确保数字化界面更加符合老年用户的认知水平，从而实现无障碍的用户体验（见图5-21）。

（一）界面布局设计

在界面布局设计中，要注意界面布局的简洁性，应尽量避免过多的视觉元素，以确保用户能够迅速定位并理解信息（见图5-22）。过度使用网络语言、时下流行的时髦词汇或生僻的繁体字可能会使部分用户，特别是老年群体难以理解和适应。这类用户往往对现代网络用语不熟悉，过于复杂或前沿的词汇反而可能导致信息的误解或遗漏。此外，要避免使用生僻的繁体字和其他难以辨认的符号，确保所有用户都能轻松阅读和理解界面中的文字信息。

1. 布局的简洁性

针对老年群体，设计数字化可视界面的首要原则是直观易懂，考虑到该群体对复杂信息的处理能力相对较

弱，设计师倾向于构建单一明了的界面环境，其中每个元素都力求简单且易于识别，以增强操作的直观性。过多的功能选项往往让老年用户感到困惑，难以做出选择，而复杂的背景则可能引发视觉疲劳，分散注意力，妨碍关键信息的有效传达。因此，在专为老年群体设计的界面中，应采取精简策略，大幅削减不必要的功能选项，去除那些使用频率低或操作难度大的功能，同时合并相似功能以避免冗余。在界面布局上注意保留最核心、最常用的功能，并通过简洁朴素的背景衬托，营造出一种清爽、不杂乱的视觉效果（见图5-23）。

2. 信息的语言表达

从文本时代到读图时代再到视频时代，文案始终能够帮助我们更好地理解信息。在移动端有限的屏幕空间内，过长的文案不仅影响视觉效果，还可能使用户失去阅读兴趣，因此要选择简洁明了的语言作为文案。在信息表达中，应避免使用网络语言、流行词汇或生僻的繁体字，以确保信息的清晰传达（见图5-24）。

（1）避免网络语言。

作为一种新兴的表达手段，网络语言凭借其简洁、创新、活力感和趣味性迅速走红，成为数字生活的重要

组成部分。然而，网络语言的生命力有待时间的检验。在数字化界面设计中，设计师应谨慎使用网络语言。一方面，老年群体对新兴事物的接受能力相对较弱；另一方面，网络语言的流动性和不确定性较强。因此设计师需充分考虑老年群体的语言习惯，采用清晰、易于理解的表达形式，以尽可能降低其认知和理解成本。

（2）避免流行词汇。

语言随着社会的不断发展而演变，有些词汇被赋予了新的含义，而有些词汇则被更新颖的表达方式所取代。例如，"凡尔赛"一词原本指的是法国宫殿凡尔赛宫，如今则用来形容那些在社交平台上通过自问自答、先抑后扬的方式，在貌似不经意间炫耀自己优越生活的人。由于老年人获取信息的渠道和方式较为有限，对新兴事物的接受速度相对较慢，因此他们无法迅速掌握和理解所有流行词汇的含义。在数字化界面设计中，如果必须使用这些流行词汇，务必提供明确的解释，以避免老年用户在操作过程中产生误判，从而影响操作的正确性和顺利进行。

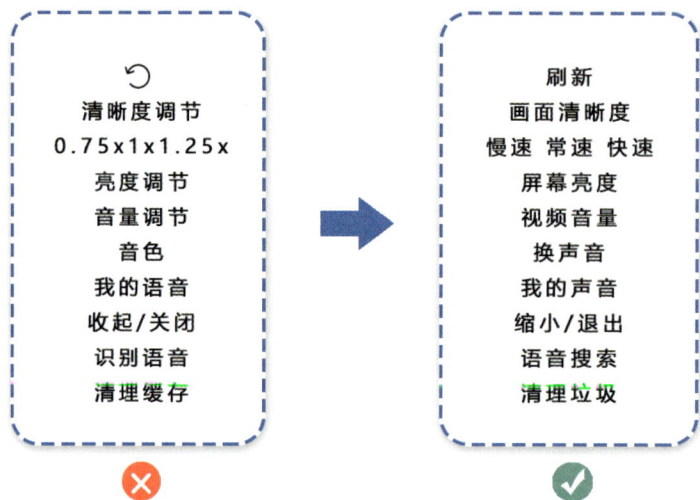

刷新
画面清晰度
慢速 常速 快速
屏幕亮度
视频音量
换声音
我的声音
缩小/退出
语音搜索
清理垃圾

图 5-24 信息内容通俗易懂

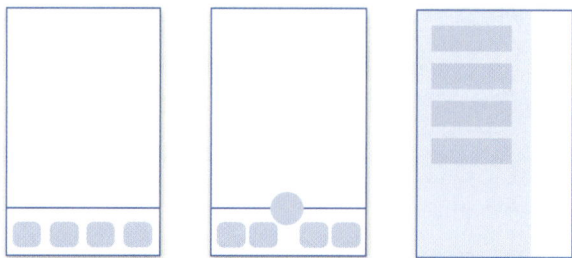

标签导航
用户可以在不同功能模块之间自由切换，但占据一定的页面空间。

舵式导航
在标签导航基础上进行的升级，将核心功能放在中心，同时对主功能标签做了扩展。

抽屉导航
又叫汉堡导航，占据界面空间少，使页面更简洁清爽，将用户注意力集中到更重要的信息上。

宫格导航
可全面展示功能入口，但容易造成用户迷失。

轮播导航
常用于图片的展示，设计感较强，但能承载的页面数量有限。

列表导航
层次结构简单，但展示的功能入口有限。

Tab导航
用于组织不同类别的内容，降低用户操作成本，但占据内容显示区域。

图 5-25 常见的导航形式

（3）避免生僻的繁体字。

中国汉字的演变经历了由复杂到简约的变化，然而在网络文化盛行的今天，一些造型独特、构造复杂的生僻字与繁体字却重新走进了公众的视野。对于老年群体而言，考虑到他们教育背景的差异性，在界面设计中使用简洁明了、易于理解的文字或符号显得尤为重要。此外，许多生僻字和繁体字在不同设备上的显示效果可能存在差异，这种不一致性会削弱界面的连贯性和整体美感，对用户体验造成不利影响。因此，设计师应选择更为普及、兼容性更好的字体，并对专业术语进行口语化表述，采用通俗、易理解的文案，以确保信息的顺畅传达与界面的和谐统一。

（二）导航设计

良好的导航设计能够使用户快捷地找到操作路径，不同的导航形式在内容展示和交互体验上各有特点。随着产品功能模块的不断增加，单一的导航方式难以满足功能扩展的需求，因此，大多数数字产品的导航设计通常采用"主导航 + 辅助导航"的模式，以更好地支持复杂的功能结构（见图5-25）。

1. 导航的易用性

为了避免老年用户因操作失误无法找到返回路径，或因记忆力下降而影响操作流程，应提供有效的入门教程，帮助他们了解不熟悉的功能（见图5-26）。设计时要严格遵循易用性原则，确保"返回"按钮和"主页"导航容易访问，以符合用户的心理预期。

2. 导航的显著性

导航界面必须具备清晰的视觉提示，以满足老年用户的特殊需求，按钮和链接的设计应尽可能大，既方便识别，又便于点击。针对老年用户，设计时需特别注意颜色的对比度，确保导航元素与背景之间有足够的视觉差异，避免使用过于相似或柔和的色调，尤其是那些容易混淆的颜色组合，比如浅灰与白色，这可能导致用户难以准确定位功能区。通过优化导航层级，确保用户能以最少的点击次数找到所需信息，从而显著提升他们的使用体验。在设置视觉提示时，可以采用图标结合文字的形式，图标使功能更加直观，配合简洁易懂的语言描述和适当的空间留白，可减轻用户的认知负担。

3. 导航的反馈机制

在用户体验服务系统过程中，反馈和提示扮演着至关重要的角色。信息反馈不仅包括对操作命令的响应，还涉及系统状态的提示。对于老年用户来说，每一次点击或触摸都应触发按钮的颜色变化，以便他们能清楚地看到自己的操作正在被系统识别。当操作成功时，系统应通过音效和动画效果提供明确的反馈，确保用户知道操作已完成（见图5-27）。在涉及虚假信息时，导航界面应及时显示警示信息。此外，加入语音搜索和智能输入功能，并提供声音反馈机制（如操作成功时的语音提示）也能显著提升老年用户的操作体验。

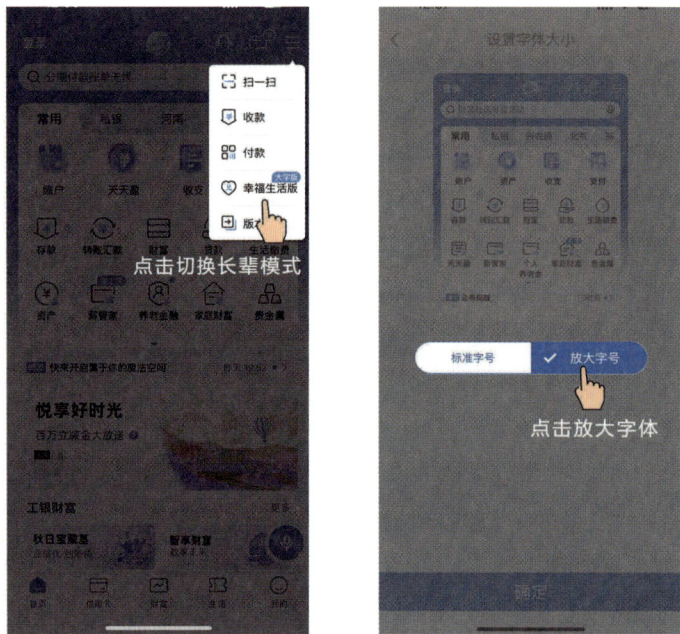

操作引导

可以在操作界面添加操作引导，使老年人能更快速了解功能，提示文字要突出提示重点。

点击切换长辈模式

点击放大字体

图 5-26 操作引导形式

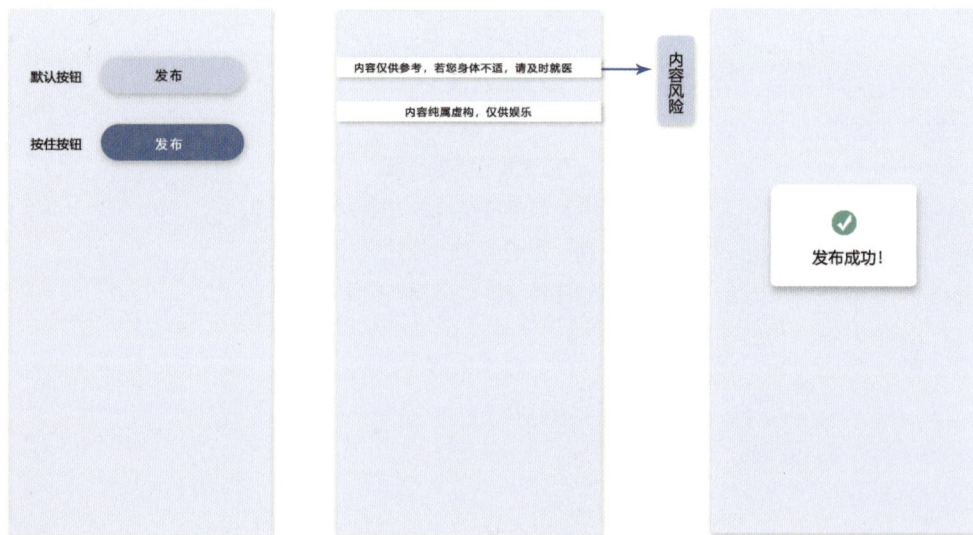

默认按钮　发布

按住按钮　发布

内容仅供参考，若您身体不适，请及时就医

内容纯属虚构，仅供娱乐

内容风险

发布成功！

图 5-27 操作反馈形式

四、语音交互与触控反馈设计

在适老化服务系统的界面设计中，语音交互为老年用户提供了更便捷的操作方式，避免了烦琐的文字输入和复杂的菜单导航。清晰简洁的语音指令和即时语音反馈能有效提升交互系统的可用性和响应速度。同时，触控反馈设计应注重简洁直观的界面布局，结合较大尺寸的触摸区域、醒目的视觉提示（如按钮颜色的显著变化）以及振动和声音反馈，帮助老年用户更好地确认操作。总的来说，语音交互与触控反馈的结合设计，能够减轻老年用户的操作负担，提升适老化服务系统的使用体验。（见图5-28）

（一）语音交互设计

语音识别技术为老年群体提供了一种便捷的交互方式，特别是对于那些不熟悉传统输入法或肢体能力有所退化的用户而言。现实中，许多老年人由于文化水平较低，难以熟练使用拼音输入法，甚至不懂拼音，因此大多数人选择手写输入。然而，手写输入方式存在严重的识别不准确问题。再加上老年人肢体机能的退化，手写输入并非理想的解决方案，只是一种折中的选择。借助人工智能技术，可以为老年用户提供语音输入功能，使他们能够更加便捷地通过语音搜索来

获取知识，解答疑惑，紧跟时代的步伐。

1. 语音识别的准确性

老年人在使用语音识别时，可能会遇到几个特有的挑战。首先，随着年龄的增长，老年人的发音可能不再像年轻时那样清晰，语速也可能变慢或不均匀，导致系统难以准确理解他们的指令。此外，不同地区的方言或口音也会增加语音识别的难度，系统的误识别率可能显著上升。为解决这些问题，语音识别技术需要不断优化，以提高对老年人语音特征的适应能力。例如，设计系统时应考虑更强的容错机制，以及通过个性化训练模型，帮助系统更好地识别老年用户的语音模式。（见图5-29）

2. 语音反馈的及时性

对于老年群体而言，交互系统不仅要具备高准确性的语音识别技术，语音反馈的及时性同样至关重要。老年用户在使用语音输入时，通常依赖实时的系统反馈来确认他们的指令是否被正确执行。然而，老年人在进行语音交互的过程中，往往对系统响应速度有较高的期待和依赖，如果语音反馈过于迟缓，容易让他们感到焦虑，甚至认为系统没有正确识别他们的指

令。此外，过长的反馈延迟可能导致他们重复发出相同的指令，进一步增加误操作的风险。为了提升老年用户的使用体验，语音识别系统应尽量缩短反馈延迟，确保即时回应。即使在复杂的任务处理过程中，系统也可以通过中间反馈（如确认听到的内容）来让用户知道指令已被接收。

3. 语音交互的自然性

老年人习惯于日常生活中的自然对话方式，如果语音识别系统的交互显得僵硬或过于机械，可能会导致他们的使用过程不顺畅，甚至让他们对系统产生排斥心理。自然的语音交互不仅要求系统能够准确识别指令，还需要在对话过程中模仿人类的语言习惯，具备灵活的对话能力。例如，老年人可能会使用不太标准的语言或表达冗长的指令，系统必须能够理解这些输入，而不是要求用户按照固定格式进行操作。此外，语音交互系统应该具备上下文理解能力，能够根据前后对话连贯地回应，而不让用户重复或重新输入指令。同时，系统应尽量减少不必要的技术术语，让交互过程更加贴近日常生活中的沟通风格。

即时语音反馈,增大触控区域

准确性

及时性

自然性

语音
交互

触控
反馈

灵敏度

引导性

多样性

打造智能交互新体验

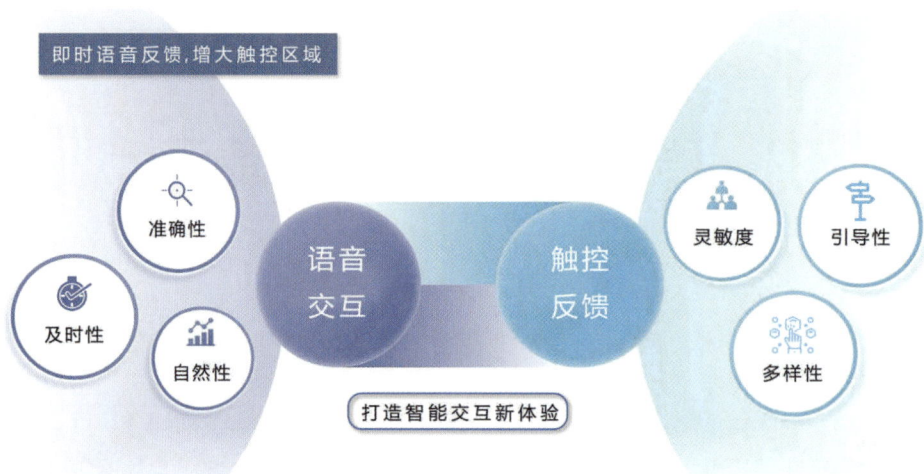

图 5-28 语音交互与触控反馈设计

年轻活力
Young & Energetic

科技智慧
High-tech & Wisdom

时尚神秘
Fashion & Mysterious

唤醒　　　　　　　聆听　　　　　　　思考

图 5-29 华为智慧语音视觉形象设计

（二）触控反馈设计

随着年龄的增长，老年人的触觉敏感度和手眼协调能力逐渐下降，这使得他们在操作触屏设备时容易出现误操作或反应迟缓的情况。良好的触控反馈设计可以有效帮助老年用户提高操作的准确性和信心。触控反馈设计应避免过于复杂的多点手势操作，直观的单点触控和滑动操作更适合老年人，复杂手势可能增加他们的认知负担，影响整体使用体验（见图5-30）。

1. 触控反馈的灵敏度

在设计反馈效果时，首先应增大反馈信息的字号，并延长提示时间与增强反馈强度。例如，常规的提示弹窗显示时间为2秒，而在适老化服务系统界面中，应将其延长至5秒。此外，常规情况下的点击操作缺乏振动反馈，在适老化设计中应加入振动提示，帮助老年用户更好地感知操作完成情况。

在触控区域的设计上，应充分考虑老年用户的操作习惯与生理限制，较大的触控按钮和更宽的点击区域可以减少误操作，使老年人不需要过于精细的手指控制能力（见图5-31）。同时，按钮之间的间距应适当增大，避免因按钮过于密集导致的误触。每次触控操作应伴有清晰的反馈，例如按钮颜色变化、轻微放大或振动提示，以确保用户知道系统已成功接收指令。

2. 触控反馈的引导性

对于老年群体，界面设计不仅要提供清晰的反馈，还需要提供合理的引导。首先，反馈的引导性应体现在操作步骤的逐步提示上。例如在多步骤操作中，系统可以通过触控反馈逐步引导用户完成任务。其次，触控反馈的引导性应体现在错误操作的修正上，当老年用户出现误触或错误操作时，界面应给予明确的提示，通过触控反馈引导他们回到正确的操作路径。比如，提供醒目的错误提示框、振动反馈或语音提醒，并清楚告知用户如何纠正操作。

3. 触控反馈的多样性

触控反馈不仅提供视觉上的变化，还可以通过声音和振动来增强用户的感知。例如，按钮在被点击时可以改变颜色、放大或变亮，使用户清楚地看到操作已生效。同时，音效反馈也是有效的引导工具。每当用户完成一个操作，比如打开应用或点击返回键时，系统可提供清晰的声音提示，告诉用户操作成功。振动反馈也可以作为补充，当用户长按或双击屏幕时，设备可以通过轻微的振动确认动作已经被识别，提供更加明确的操作反馈。

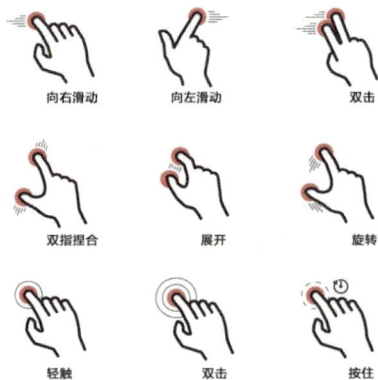

图 5-30 常用的交互手势

图 5-31 增大按钮触控区

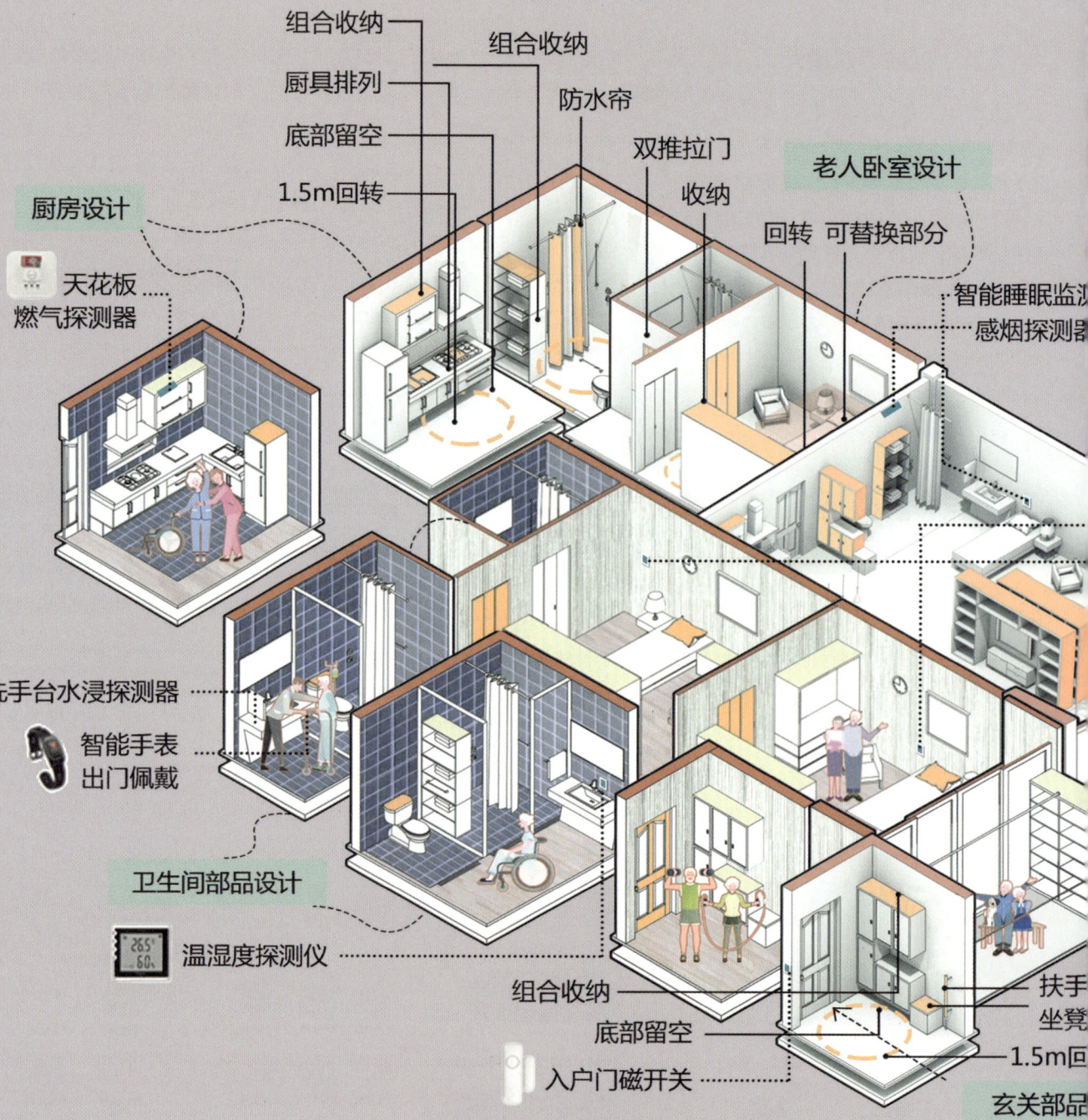

组合收纳

组合收纳

厨具排列

防水帘

底部留空

双推拉门

1.5m回转

收纳

老人卧室设计

厨房设计

回转　可替换部分

天花板
燃气探测器

智能睡眠监测
感烟探测器

洗手台水浸探测器

智能手表
出门佩戴

卫生间部品设计

265°
60%

温湿度探测仪

组合收纳

扶手

底部留空

坐凳

入户门磁开关

1.5m回

玄关部品

第六章 交互体验优化

- 简化操作流程与减少认知负荷
- 预测性设计与容错机制
- 定制化与个性化服务
- 情感化设计在适老化设计中的应用

纳体系设计

、体红外探测器

床头紧急按钮

智能跌倒探测仪

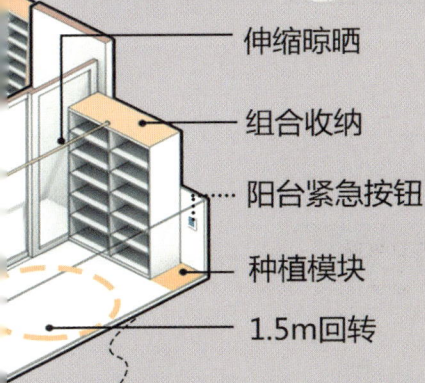

伸缩晾晒

组合收纳

阳台紧急按钮

种植模块

1.5m回转

阳台设计

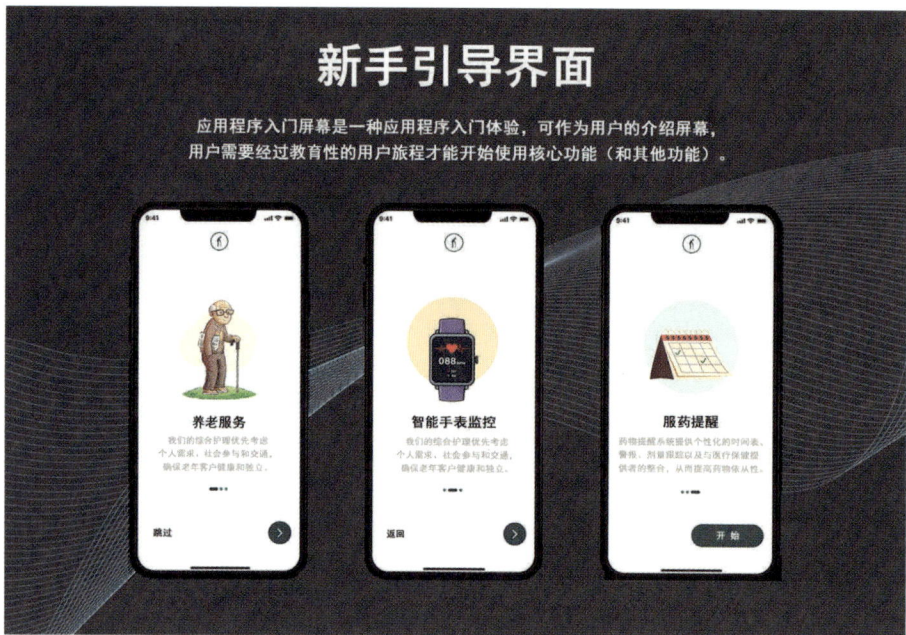

图 6-1 操作流程图示化

用户旅程地图

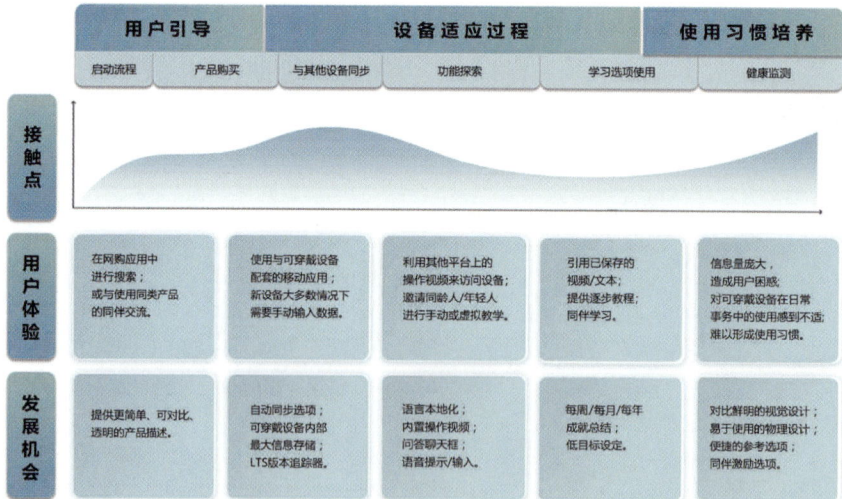

	用户引导		设备适应过程			使用习惯培养
	启动流程	产品购买	与其他设备同步	功能探索	学习选项使用	健康监测
接触点						
用户体验	在网购应用中进行搜索；或与使用同类产品的同伴交流。	使用与可穿戴设备配套的移动应用；新设备大多数情况下需要手动输入数据。	利用其他平台上的操作视频来访问设备；邀请同龄人/年轻人进行手动或虚拟教学。	引用已保存的视频/文本；提供逐步教程；同伴学习。		信息量庞大，造成用户困惑；对可穿戴设备在日常事务中的使用感到不适；难以形成使用习惯。
发展机会	提供更简单、可对比、透明的产品描述。	自动同步选项；可穿戴设备内部最大信息存储；LTS版本追踪器。	语言本地化；内置操作视频；问答聊天程；语音提示/输入。	每周/每月/每年成就总结；低目标设定。		对比鲜明的视觉设计；易于使用的物理设计；便捷的参考选项；同伴激励选项。

图 6-2 用户旅程地图

一、简化操作流程与减少认知负荷

在设计适老化服务系统时，简化操作流程与减少认知负荷是优化用户体验的关键要素。本节主要探讨如何通过简化服务系统的操作流程来有效降低用户的认知负荷，特别是针对老年用户的需求进行优化。简化操作流程不仅能够提升老年群体的操作效率，还能显著改善整体用户体验。通过运用科学合理的设计策略，可以使老年人在使用系统时更加顺畅，从而显著提高服务系统的易用性和用户满意度。

（一）认知负荷理论基础

1. 认知负荷的定义与分类

用户在学习知识和解决问题时，需要进行认知加工，从而消耗认知资源。认知负荷（cognitive workload）指的就是这种认知加工过程在用户认知系统上产生的多维度负担。在认知负荷的因果维度中，任务特征、学习者特征及其交互作用共同决定认知负荷的来源。当作业需求在老年用户认知能力范围内时，他们能够有效完成任务。随着任务复杂度增加，超出认知资源阈值将导致负荷过载，任务完成质量显著下降。

认知负荷通常分为内在认知负荷、外在认知负荷和关联认知负荷三类。外在认知负荷源于信息呈现形式

和任务规则的复杂性，若信息材料的设计复杂混乱，就会阻碍用户顺畅完成任务操作。内在认知负荷与信息材料的复杂性、数量以及个人知识能力密切相关。当处理的信息材料较为复杂、数量较多，超过用户的认知能力时，内在认知负荷会显著增加。关联认知负荷与用户在学习中投入的精力相关。用户的长时记忆能够永久储存信息和技能，并以图式为单元进行组织。当关联认知负荷降低时，用户将更多精力投入无关因素的处理中，导致外部认知负荷增加，任务完成效率降低。

2. 减少认知负荷的方法

外在认知负荷源于个体能力与具体任务之间的交互。在界面设计中，可通过优化信息组织、简化交互流程和提高信息呈现的清晰度来减少外在认知负荷，从而使用户能够将认知资源更有效地用于任务操作。

降低内在认知负荷的方法包括通过图形化和模块化的方式对信息进行归纳，从而提升用户的认知效率；减少元素之间的交互，降低用户的识别难度；以及简化信息的结构和层级，以便用户能够快速检索和获取信息。

在增加关联认知负荷的设计过程中，首先应采用通用图式，使用户能

够迅速将新信息与已有图式匹配，从而快速提取并应用信息。其次，应致力于帮助用户构建图式，以促进其从新手迅速成长为专家。

总而言之，为了提高认知绩效，设计应着重于降低用户的内在和外在认知负荷，并增加关联认知负荷。

（二）设计简化的核心原则与方法

1. 信息简化与视觉效果提升

信息简化与视觉效果提升是优化用户界面的核心策略。信息简化涉及对信息内容进行提炼和归纳，确保用户能够快速理解和有效使用信息。具体方法包括图形化呈现，如使用图表、图示和流程图来代替烦琐的文字说明，这有助于减少用户对文字信息的依赖，提高信息的可读性和记忆效果（见图 6-1）。此外，视觉层次结构的应用（如标题、子标题、列表等）和对比（如颜色、字体大小、粗细等）能够突出关键信息，帮助用户快速定位重要内容（见图 6-2）。

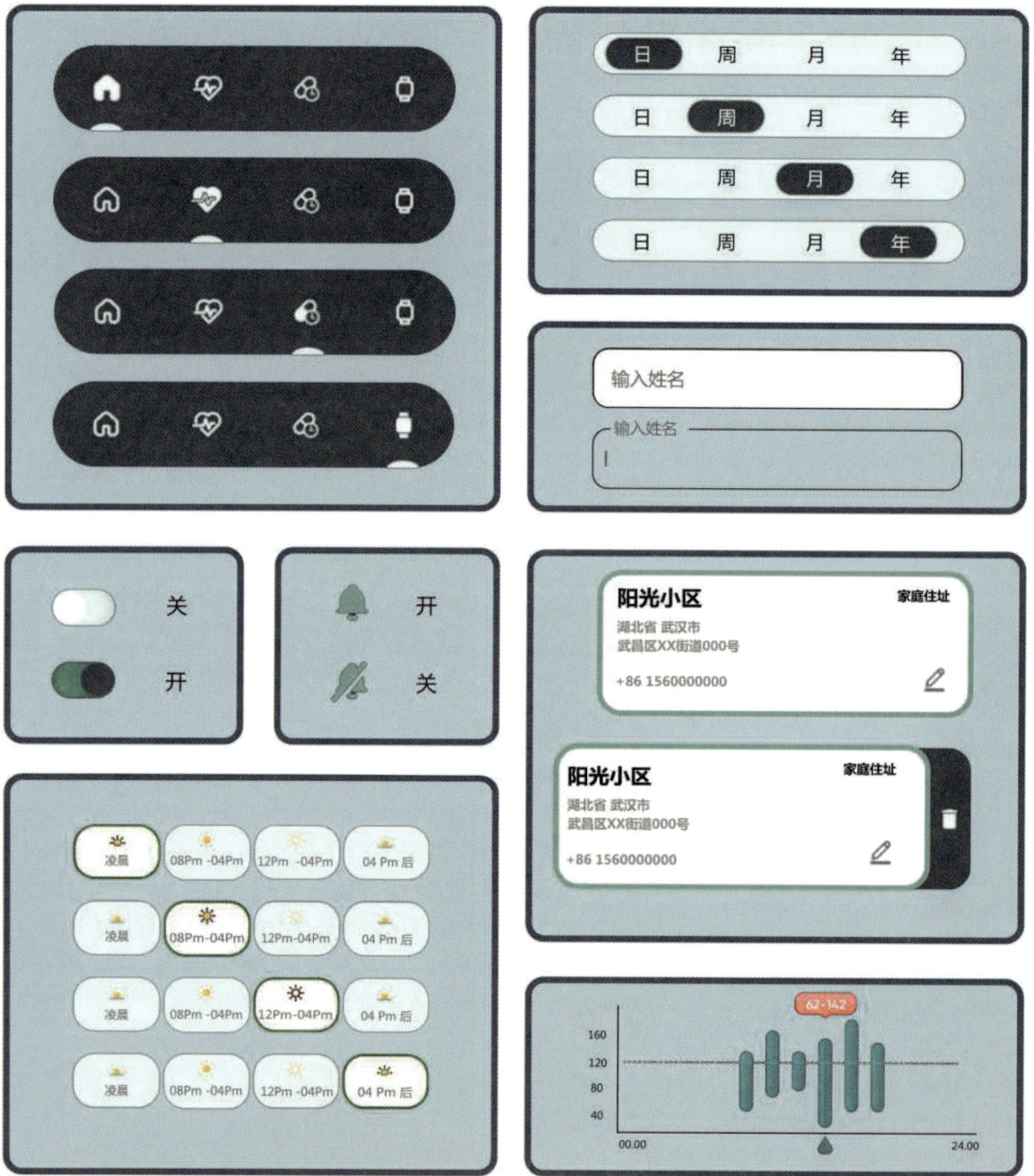

图 6-3 自定义设置界面

2. 优化操作流程原则与实践

优化操作流程专注于提升用户的任务完成效率，并降低操作复杂性。减少操作步骤和操作次数是关键策略之一，合并步骤或提供快捷方式能够显著简化用户的操作流程，提高任务执行的流畅性。保持界面的一致性和标准化有助于减少学习成本，使用户能够快速适应新的操作环境。同时，允许用户进行撤销和重做操作，增强了用户对操作过程的控制感，进一步减少了因错误操作带来的负担。图示化操作流程，例如使用流程图或步骤指示器，可帮助用户对任务的整体流程有清晰的了解，保障操作的顺畅进行。综合运用这些优化措施，将显著提高用户界面的易用性和用户操作效率。

（三）用户任务分析与界面优化

1. 任务分解与操作优先级

在适老化服务系统设计中，任务分解是提升老年用户操作体验的关键。老年用户的认知和操作能力较为有限，而将复杂的操作任务分解为简单的步骤，有助于减少认知负荷，提升任务完成的流畅度。任务分解应充分考虑老年用户的需求和行为模式，优先分析他们最常用的功能和操作，确保关键任务得到突出与简化。

老年用户的操作优先级应依据任务的重要性、操作的复杂度及使用频率进行调整。对于高优先级的操作，如日常服务功能，应置于显眼位置，

易于访问；而低优先级的功能可适当隐藏，以避免界面复杂化。通过合理的任务分解与优先级管理，界面能够更好地符合老年用户的操作习惯，减少他们在使用过程中可能遇到的困惑和障碍。

2. 支持策略与任务优化实践

针对老年用户的支持策略需要特别关注易用性和用户友好性。设计者应提供清晰的操作指导、显著的视觉提示以及适当的反馈机制，帮助老年用户理解操作步骤并顺利完成任务。支持策略应包括明确的图标、易懂的语言描述以及逐步引导的提示信息，以减少老年用户在操作过程中产生的焦虑感和错误发生率。

任务优化实践应通过简化界面、减少不必要的操作和减少视觉干扰来适应老年用户的需求。特别是在老年用户操作复杂任务时，应尽量减少他们在界面中进行跳转的频率，同时确保操作路径清晰易懂。适应性界面设计也是任务优化实践的一部分，使系统能够根据老年用户的行为自动调整操作流程和界面元素。

（四）界面设计对认知负荷的影响

1. 用户界面布局的认知负荷影响

老年用户的感知能力和认知处理速度随着年龄的增长而减弱，因此，复杂的界面布局容易增加他们的认知负荷，导致信息处理变得更加困难。

清晰、简洁的界面布局可以减少用户搜索和处理信息的时间，从而有效降低认知负荷。关键信息和功能应放置在显眼且易于访问的位置，并使用明确的视觉层次结构来引导用户的注意力，帮助他们快速找到所需内容（见图6-3）。

2. 设计一致性与操作习惯

界面设计应与老年用户的操作习惯紧密结合。考虑到老年用户通常习惯于基于经验的直观操作，设计界面时应遵循符合他们认知模式的规则。这意味着设计要避免频繁的界面跳转和复杂的多步骤操作，优先考虑老年用户使用常用功能的便捷性。设计一致性体现在界面的各个方面，包括字体、颜色、图标和交互行为的统一性。设计时应考虑提供直观的反馈，确保老年用户在进行操作时能够清晰地了解系统的反应，从而增强他们的自信心和使用体验。此外，允许用户自定义一些设置，能够进一步提升界面的亲和力和可用性，增强老年用户的参与感。

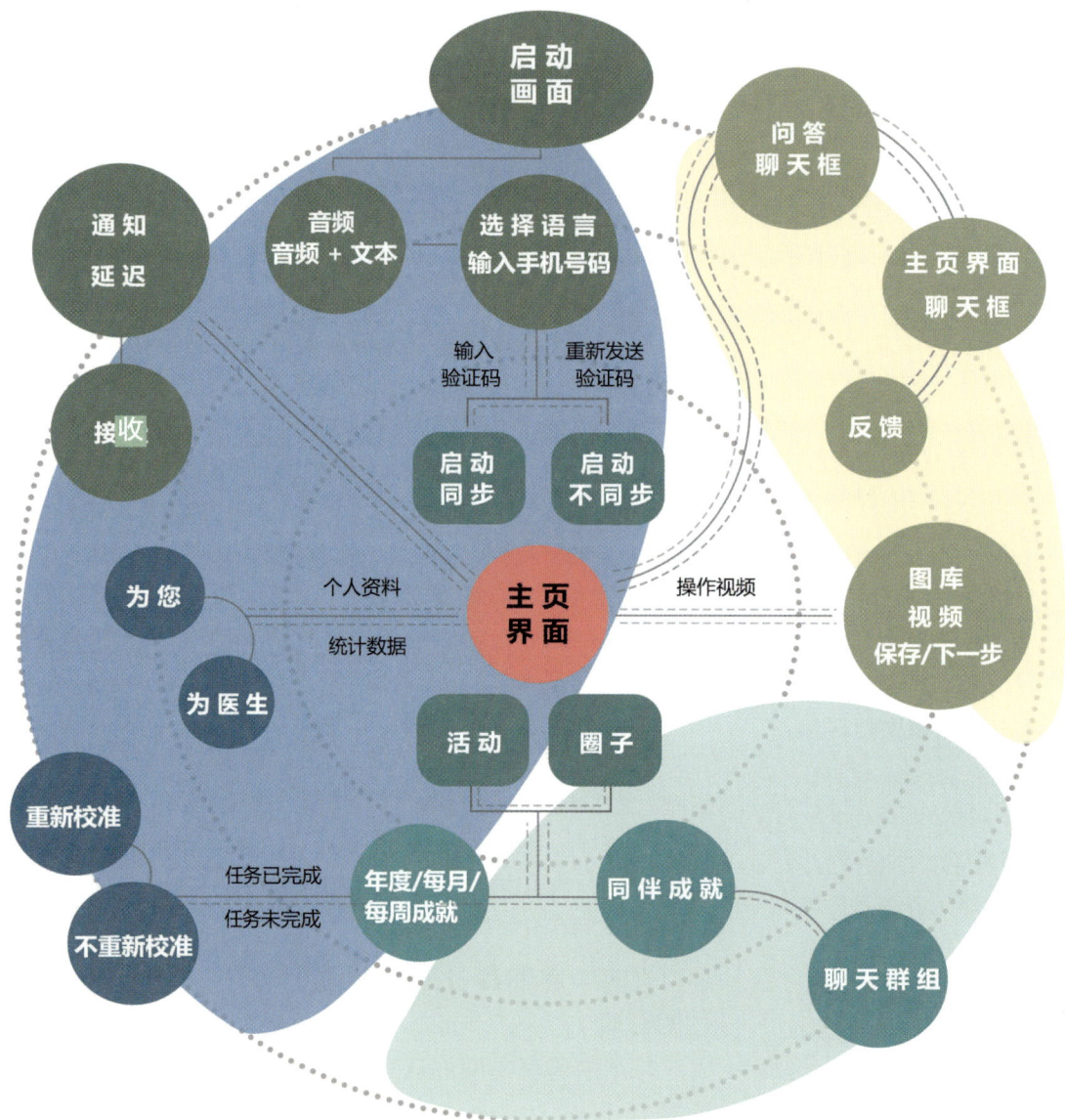

启动画面

问答聊天框

通知延迟

音频 音频 + 文本

选择语言 输入手机号码

主页界面 聊天框

接收

输入验证码

重新发送验证码

反馈

启动同步

启动不同步

为您

个人资料

操作视频

图库 视频 保存/下一步

统计数据

主页界面

为医生

活动

圈子

重新校准

任务已完成

年度/每月/每周成就

同伴成就

不重新校准

任务未完成

聊天群组

图 6-4 反馈机制界面设计

082

二、预测性设计与容错机制

（一）预测性设计原理与应用

1. 用户行为预测的基本方法

预测性设计（predictive design）基于对用户行为的分析与预测，旨在通过提前判断用户的操作需求与行为模式，优化用户体验。在适老化服务系统中，常用的用户行为预测方法包括历史数据分析、机器学习算法，以及用户行为模式的建模等。这些方法可以通过分析老年用户的操作习惯、偏好和常见行为路径，预判用户下一步可能的操作，从而优化系统的响应速度和界面布局，降低用户在完成任务中的操作复杂性。

2. 预测性设计的效益与实现

预测性设计的最大效益在于提升用户体验并减少认知负荷。通过预判用户行为，系统可以主动提供相关信息或操作建议，使老年用户不必费力寻找功能按钮，提升任务完成的效率。预测性设计的实现依赖于对老年用户操作数据的持续分析与优化，通过不断调整算法和设计策略，系统能够逐步适应个体用户的需求，从而增强系统的智能化和个性化服务能力。

（二）容错机制设计的基本概念

1. 容错机制的定义与策略

容错机制（fault-tolerant mechanism）指的是在用户操作失误时，系统能够容忍并允许修正错误的一系列设计策略。有效的容错设计应包括允许撤销操作、自动保存功能以及多步确认操作等。容错性预防是容错设计中的关键，旨在提升产品的易用性和错误承载能力。设计师在设计前需充分考虑功能分区、指示标识和操作流程的易用性，以减少错误发生。

2. 常见容错机制的实际应用

在适老化服务系统中，容错机制的实际应用显著提升了老年用户的操作体验。例如，在健康监测应用中，如果用户误删除了某条重要的健康记录（如血糖测量结果），系统会弹出确认对话框，显示"您确定要删除吗"并提供"撤销"选项。这种设计避免了失误操作带来的不良后果。

此外，增强感官刺激的设计同样发挥着重要作用。例如，在老年人使用的数字助理设备中，操作确认通过视觉和听觉反馈来实现。当老年用户执行某一操作时，设备会通过闪烁绿灯或语音提示来确认操作已成功完成，减少了因反馈不明确而带来的混淆与不确定性。再如，智能电视遥控器通过简化操作步骤和降低机器学习的复杂度，将常用频道自动排列在界面前端，帮助老年用户快速找到所需内容，避免反复搜索。

（三）反馈机制设计与错误修正

1. 实时反馈的设计与实现

实时反馈设计是确保老年用户能够理解系统响应并进行正确操作的关键因素。实时反馈应结合视觉、听觉、或触觉等多感官刺激，以增强老年用户对操作结果的感知。例如，当用户成功完成操作时，系统可以立即通过颜色变化、声音提示或振动来确认操作的有效性。

2. 反馈机制对错误修正影响

当用户发生操作失误时，系统应立即提供清晰的提示，并指示出错原因以及修正步骤。例如，当用户输入错误信息时，系统可以通过弹窗或显著的文字提示明确指出错误，并提供简洁的解决建议，避免用户感到困惑（见图6-4）。通过适当的实时反馈，系统能够帮助老年用户快速调整操作，减少不必要的操作循环，从而提高任务完成的效率和正确性。

用户使用产品痛点问题

无法决定购买
哪种追踪器

追踪器/手机变更

无法执行某些任务

持续版本更新

培训视频使用英语

无法每天达到
步数目标

应用未提供每周/月/年
体育活动成就

行走时无法查看步数

输入文本困难

定期使用问题

基于问题研究的个性化服务更新

提供功能和适用性
的透明展示

新设备与旧设备的同步

短版操作视频

追踪器和关联应用
的长期支持版本

语言本土化

步数目标的边际设置

每周/月/年的
成就展示

语音提示和输入

问答聊天机器人

图 6-5 针对老年用户的个性化服务

三、定制化与个性化服务

（一）定制化与个性化服务的理论基础

定制化与个性化服务是一种以老年用户为中心的服务模式，通过分析其兴趣、习惯等信息，采用用户定制、系统推荐与推送等方式，主动为老年用户提供专属的信息和服务。其核心特征包括针对性、主动性和智能性。定制化与个性化服务能够主动分析老年用户的需求，及时推送相关信息。随着老年用户数据的积累和更新，系统通过用户建模不断学习，逐步提升对老年用户兴趣的识别精度，从而提供更精准的服务。

1. 定制化设计的核心原则与理论

在适老化服务系统中，定制化设计的核心原则是为老年用户提供个性化解决方案，以满足其多样化需求。定制化设计的理论基础来自人机交互和用户体验设计，强调基于老年用户的操作习惯、认知能力以及身体条件进行个性化调节。定制化设计不仅包括对视觉操作界面的调整，还涉及功能的灵活性。例如，老年用户在健康管理平台中，可根据自身的健康状况与需求自定义个性化监控指标，如心率、血压或药物提醒频次。通过这种定制化的服务，老年用户能够减少操作的复杂性，并在舒适的环境中提升参与感，从而增强对系统的信赖和依赖。

2. 个性化服务的定义与发展趋势

个性化服务是通过技术手段，基于老年用户的行为数据、历史使用记录和个人偏好，动态调整服务内容，以提供量身定制的用户体验。老年用户通常在生活和健康管理方面存在特定需求，个性化服务能够通过用户建模和数据分析，为他们提供智能化、个性化的解决方案。例如，老年人智能家居系统能够学习用户的作息时间和习惯，自动调节室内温度、光线亮度或进行安全提醒，为老年用户提供便捷舒适的生活环境。这种个性化的智能调整减少了老年人的操作负担，同时提升了设备的实用性和舒适性。

随着大数据和人工智能的快速发展，个性化服务不断向更深入和更精细化的方向演进。如今，医疗设备、智能穿戴设备等不仅能够为老年用户提供个性化的健康监测服务，还能根据用户的历史数据和行为模式提供个性化的健康建议和方案。例如，基于实时数据的分析，系统可以向老年用户推送定制化的运动建议、饮食计划或药物提醒服务。这些技术的应用推动了适老化服务系统朝着更加智能化、便捷化和人性化的方向发展，有效提升了老年用户的生活质量与独立性。

（二）用户需求分析与系统设计

1. 用户需求分析的理论方法

用户需求分析是确保系统能够有效满足老年用户多样化需求的基础，常用的理论方法包括用户调研、行为分析和需求优先级排序。用户调研主要通过问卷调查、访谈或焦点小组等方式，收集老年用户在生活、健康和社交等方面的需求。这些定性和定量数据能够为设计师提供重要的参考依据。行为分析则通过观察老年用户的日常操作习惯和认知模式，了解他们在使用系统时遇到的痛点和障碍。结合用户需求的优先级排序，系统设计者能够明确哪些需求对老年用户最为重要，从而进行针对性的功能优化。

在理论层面上，用户需求分析的关键在于理解老年群体的身体、认知和心理特征。老年用户通常在认知处理速度、信息记忆力和感官反应方面有所下降，因此在进行需求分析时需特别关注这些特性。通过需求分层理论和情境设计理论，设计者能够从多个层面剖析老年用户的核心需求，并在实际设计中将这些需求转化为具体的功能模块，确保系统设计更加贴合老年用户的使用习惯与偏好（见图6-5）。

图 6-6 老年金融管理系统个性化界面设计

2. 系统设计中的定制化与个性化策略

基于用户需求分析，系统设计中的定制化与个性化策略旨在为老年用户提供更符合其个人特质的交互体验。定制化策略强调系统可以根据用户的偏好、习惯和能力水平调整界面和功能。例如，老年用户在信息读取和输入时可能需要放大字体、减少步骤，系统可以通过模块化设计满足这一需求，确保老年用户在使用过程中感受到定制化服务的便捷性。

个性化策略则利用大数据和人工智能技术，通过分析老年用户的历史行为数据，动态调整系统的服务内容和交互方式。举例来说，健康监测系统可以根据老年用户的健康数据变化，自动调整监测频率并提供个性化的健康建议。同时，智能推荐算法能够根据老年用户的兴趣和习惯推送相关信息和服务，从而提高用户的参与度和满意度。

（三）定制化与个性化服务的实际应用案例

1. 老年金融管理系统的个性化界面设计

老年金融管理系统提供了高度定制化的界面，帮助老年用户更好地管理个人财务，简化复杂的金融操作。该系统允许用户根据自己的需求设置个性化的理财提醒、投资目标和支出控制功能（见图6-6）。例如，老年用户可以设置每月收到关于退休金、储蓄账户余额和支出预算的提醒，系统根据用户的财务状况生成个性化的预算和储蓄建议。为了确保操作的便捷性，界面采用了大字体、简化的选项菜单和颜色清晰的图表展示，帮助用户快速跟踪财务状况。通过这样的个性化设计，老年用户能够更轻松地进行财务管理，减少财务决策中的认知负荷，确保经济安全与独立。

2. 智能家居系统的个性化控制面板

在智能家居系统中，个性化控制面板为老年用户提供了极大的便利，使得家居管理更加轻松高效。该控制面板允许用户根据个人的喜好和需求，灵活定制各种家电的自动化功能。例如，老年用户可以根据自身的生活习惯，设置智能灯光系统，以减轻夜间光线对眼睛的刺激，或者在特定时间段开启家庭安防监控，确保居住安全（见图6-7）。

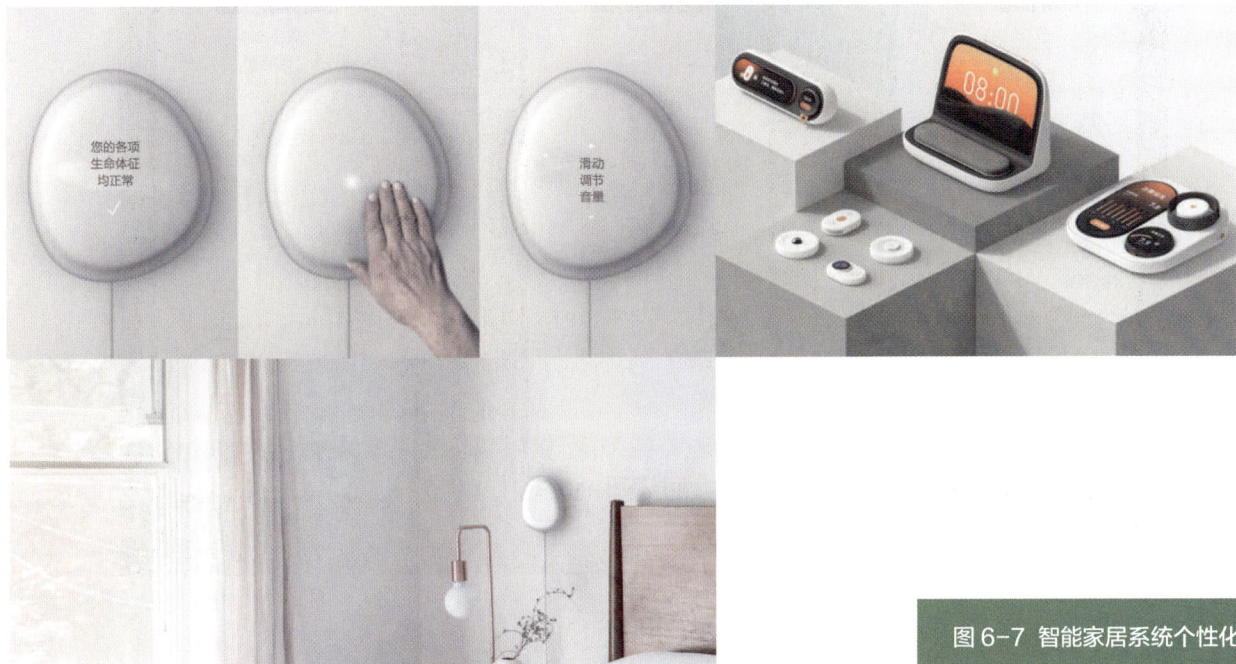

图6-7 智能家居系统个性化界面设计

图 6-8 老年健康管理系统个性化界面设计

个性化控制面板的智能化学习功能同样值得关注。系统能够根据老年人的日常作息习惯，自动调整家居环境。比如，当用户习惯在早晨7点起床时，系统可以提前调节空调温度，确保室内环境舒适。这样的自动化设置不仅减轻了老年用户的操作负担，还提高了生活的便利性和安全性，使他们能够更加专注于享受生活，而不必担心烦琐的家务管理。此外，个性化控制面板还能够通过友好的用户界面，简化操作流程，确保老年用户能够轻松上手。界面设计注重清晰度和易用性，符合老年用户的认知特点。

3. 老年健康管理系统的个性化界面设计

在老年健康管理系统中，定制化界面通过个性化设计来满足老年用户的健康监测需求。例如，该系统允许用户选择监测的健康指标，如血压、血糖或体重。用户可以根据自身的健康状况设定个性化的提醒和数据记录周期。系统结合用户的日常数据，自动调整监测频率和提醒设置，并在必要时突出显示健康异常情况（见图6-8）。在个性化养老服务系统中，基于用户需求分析与系统设计的理念，养老模式正朝着高度个性化的方向发展。这一模式的核心在于深度理解老年用户的多维需求，通过对其生理、心理、行为数据的深入挖掘，设计出精确匹配其生活习惯与健康状况的服务体系。与传统的统一服务模式相比，个性化服务模式能够显著提升老年人对系统的依赖与满意度，从而改善其整体生活质量。

通过定制化设计，养老服务系统能够以老年人的具体需求为基础，提供高度个性化的健康管理和生活支持。健康管理领域中的个性化服务，基于老年人的健康数据，设计出个性化的健康监控与干预措施，提升老年人的健康自我管理能力。在居家养老的场景中，智能家居系统则通过灵活的定制化功能，自动调节老年人的居住环境，提供无缝的环境适应与安全支持。这种以用户需求为中心的设计方法，确保了系统的高适应性和可操作性，尤其是对于认知负荷较高的老年群体，极大地减少了其操作难度与心理压力。个性化服务不限于健康与生活管理，还拓展至社交参与和心理健康领域。个性化的虚拟陪伴与社交平台，通过算法匹配和内容推送，能够帮助老年用户保持与社会的联系，提升其心理健康与幸福感。在整体设计中，个性化养老模式不仅仅是对老年人的生理需求做出响应，还通过数据分析与技术手段，构建出全面的关怀体系，适应其复杂且多变的需求。这一模式将老年用户的主动参与作为服务设计的核心要素，从而推动了未来养老服务系统的智能化和个性化发展。

每周/每月/每年成就总结

图形化展示完成进度，极大地激励用户完成任务

主页界面

同伴激励

激励系统

该圈子提供了一个展示他人
如何通过奖励制度完成任务的空间。

同时设有聊天室
以分享过程图片和交流。

用户可以通过向上滑动
的方式关闭此功能。

通知

语言本土化　　　　　流畅的使用体验

启动画面　　专属字体　　音频、文本　　扬声器图标　　手机号码验证　　同步数据便捷

健康监测　　个人简介　　向左滑动　　主页界面　　向右滑动　　操作视频教程

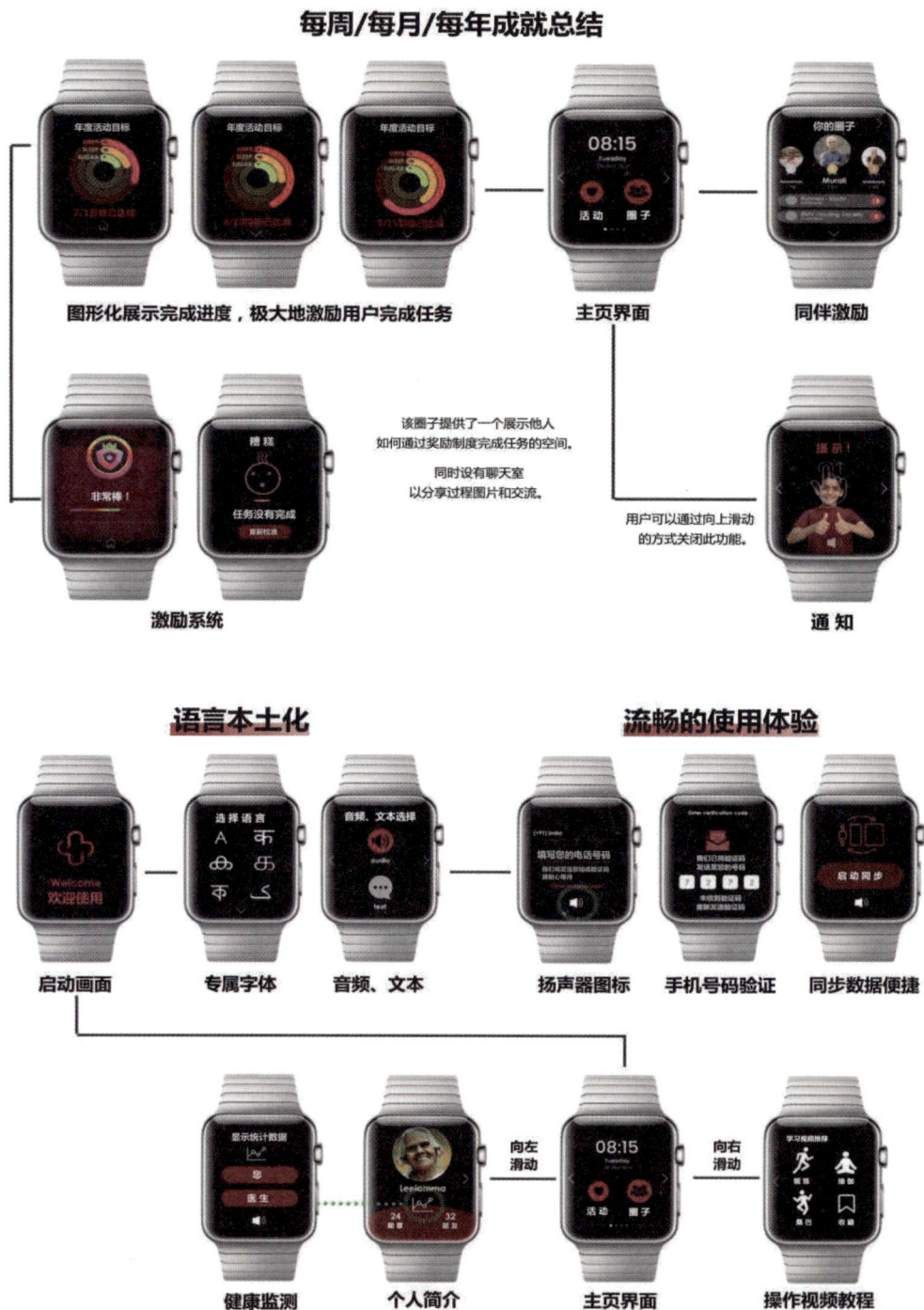

图 6-9　老年智能手表界面设计

四、情感化设计在适老化设计中的应用

（一）情感化设计

1. 情感化设计的定义与理论

情感化设计是指通过设计元素与用户情感的交互，创造具有情感共鸣的产品和服务。这种设计理念关注用户的情感需求，并通过色彩、形状、材料和交互方式等设计要素，引发用户的正面情感反应。理论方面，情感化设计基于心理学和用户体验研究，探索设计如何通过引发情感共鸣来提升用户满意度和产品的使用价值。

理论上，情感化设计受到多学科理论的影响，尤其是认知心理学、用户体验研究和人机交互等领域。著名设计学者唐纳德·诺曼（Donold Norman）提出的情感化设计理论指出，产品应从本能、行为和反思三个层次与用户的情感产生互动，即在设计中注重产品的直观感知、操作体验和用户的深层次思考。情感化设计不仅改善了用户的使用体验，还通过情感共鸣提升了产品的持久吸引力和市场竞争力。这种设计方法越来越多地应用于各种领域，包括数字产品、服务系统和实体商品，为用户创造了更为人性化的使用体验。

2. 情感化设计对用户体验的影响

情感化设计在用户体验中的作用主要体现在提升用户的情感满意度和整体使用感受。通过精心设计的产品界面、交互方式和视觉元素，情感化设计能够引发用户的积极情绪，如愉悦感、舒适感和归属感。例如，友好的界面和响应式设计可以减少用户的挫败感，增强操作的愉悦性；温暖的色调和个性化的反馈则能提升用户的满足感和忠诚度。

进一步而言，情感化设计还对用户的行为和长期使用产生深远影响。正面的情感体验可以提高用户对产品的满意度，并促使其形成长期的使用习惯。研究表明，当用户在使用产品过程中获得积极的情感反馈时，他们更可能愿意继续使用该产品，并将其推荐给他人。这种情感联结不仅能够提升用户的品牌忠诚度，还能在市场竞争中为产品赢得更多的用户好感和口碑。因此，情感化设计不仅提升了用户的即时满意度，还通过情感共鸣和用户体验的良性循环，增强了产品的市场表现和用户的长期忠诚度。

（二）情感化设计策略

1. 针对老年人的情感化设计原则

针对老年人的情感化设计着眼于满足其在生理、心理和社会方面的独特需求。其设计原则包括简化操作界面，确保界面直观易用，以减少认知负担；运用温暖的色彩和舒适的材料来增强使用舒适感；提供清晰的视觉和听觉反馈，以确保用户能够轻松理解和操作。

2. 情感化设计在适老化产品中的应用

情感化设计在适老化产品中的应用体现在许多具体的设计策略和实例中。比如，智能家居设备通过直观的用户界面和友好的语音助手来帮助老年人轻松控制家庭环境，提升生活的便利性和舒适感。情感化设计还包括在健康监测设备中融入友好的视觉和听觉反馈，确保用户能够准确理解健康信息，并获得及时的情感支持。

（三）情感化设计的实际应用案例

如图 6-9 所示，这款老年智能手表通过简洁直观的界面、较大的字体和触屏反馈，降低了老年用户的操作难度，同时结合柔和的色彩搭配和简约的设计风格，打造舒适的用户体验。

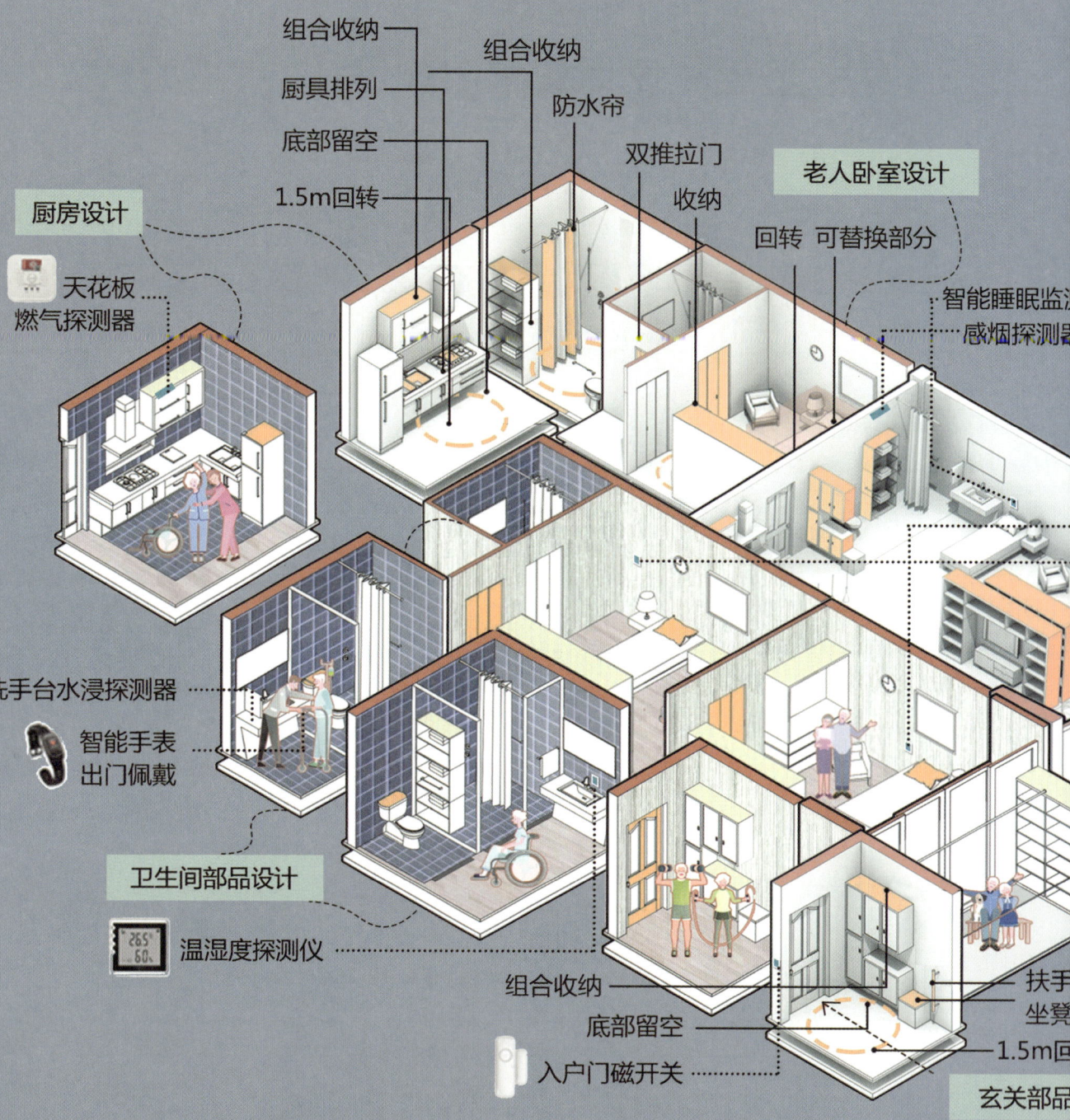

厨房设计

组合收纳
厨具排列
底部留空
1.5m回转

组合收纳
组合收纳
防水帘
双推拉门
收纳
回转 可替换部分

老人卧室设计

智能睡眠监测
感烟探测器

天花板
燃气探测器

洗手台水浸探测器
智能手表
出门佩戴

卫生间部品设计

温湿度探测仪

组合收纳
底部留空
入户门磁开关

扶手
坐凳
1.5m回转

玄关部品

第七章

智能技术与适老化服务

- 物联网在适老化服务中的应用
- 人工智能辅助健康管理
- 智能家居与无障碍生活环境
- 远程监控与紧急救援系统

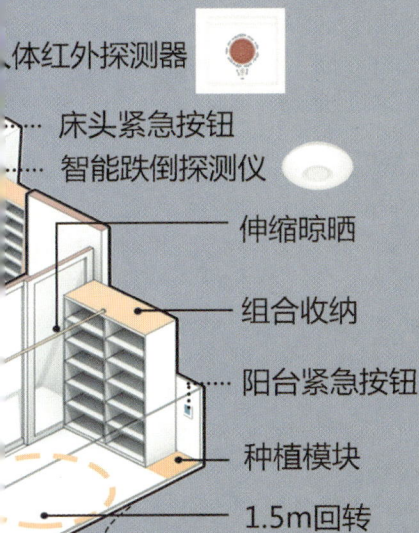

纳体系设计

人体红外探测器

床头紧急按钮

智能跌倒探测仪

伸缩晾晒

组合收纳

阳台紧急按钮

种植模块

1.5m回转

阳台设计

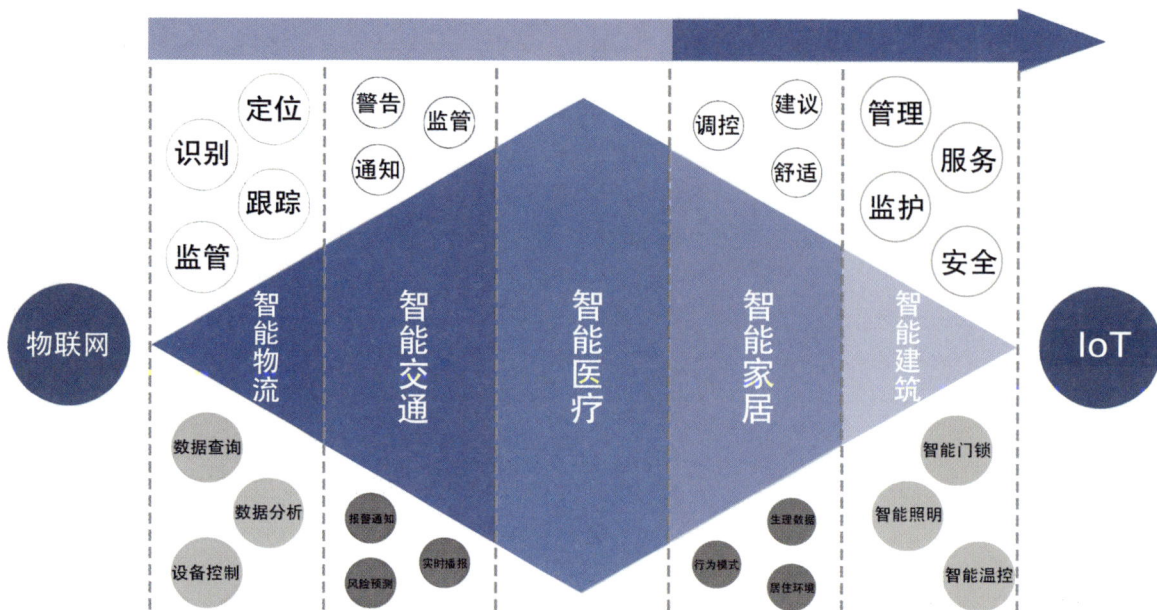

图 7-1 物联网技术应用领域

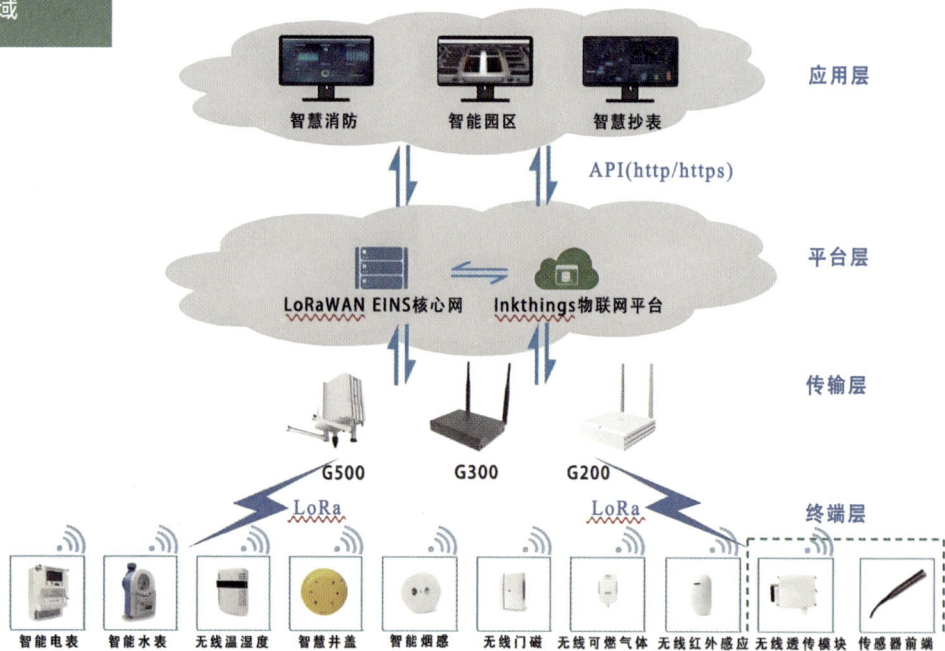

图 7-2 物联网结构

一、物联网在适老化服务中的应用

（一）物联网系统概念

1. 物联网技术

物联网技术（Internet of Things，简称 IoT）起源于传媒领域，是信息科技产业的第三次革命。它是指通过信息传感设备，按约定的协议，将任何物体与网络相连接，物体通过信息传播媒介进行信息交换和通信，以实现智能化识别、定位、跟踪、监管等功能。物联网技术主要包括以下几项关键技术：传感器技术、REID 技术、嵌入式系统技术、智能技术、纳米技术等。如今物联网技术已广泛应用于各个领域当中，比如智能交通、智能物流、智能家居、智能医疗、智能建筑等（见图 7-1）。总之，物联网技术是一项具有广泛应用前景和巨大发展潜力的技术。随着技术的不断进步和应用领域的不断拓展，物联网将为人类社会的发展带来更多的便利和福祉。

2. 物联网结构

物联网的结构通常被划分为多个层次，这些层次共同协作以实现物联网系统的功能（见图 7-2）。根据不同的划分标准，物联网的结构可以有三层或五层等不同模型。比如说三层架构模型，它包括感知层、网络层和应用层。

感知层也被称为物理层，是物联网的最底层。其主要任务是通过各种传感器和执行器等设备收集环境中的信息，并将这些信息转化为电子数据。这些设备可能包括温度传感器、湿度传感器、光照传感器、压力传感器以及电机、继电器等执行设备。感知层负责感知和控制物理世界，是物联网系统获取数据的基础。

网络层包括各种通信技术和协议，比如 Wi-Fi、蓝牙、ZigBee、LoRaWAN、移动通信网络等。网络层需要处理网络拥塞、数据丢失、数据安全等问题，确保数据的稳定、可靠运输。网络层负责将感知层收集到的数据传输到应用层或其他处理系统。

应用层是互联网系统的用户界面，提供用户与系统交互的接口。其主要任务是将数据层的结果以易于理解和使用的方式呈现给用户，包括各种图形界面、报表、警告和通知等。应用层还提供各种服务，如数据查询、数据分析、设备控制、报警通知等，满足用户的各种需求。

（二）物联网技术介入适老化服务

1. 物联网居家养老应用

物联网在居家养老中的应用日益广泛，为老年人提供了一个更加智能化、个性化的养老服务环境。这一技术的应用，不仅深刻改变了传统养老模式的面貌，还促进了养老服务的全面升级。物联网居家养老主要可以用在健康检测与管理、智能家居控制、紧急救援与定位追踪、社交娱乐活动以及数据分析与个性化服务等方面。

物联网技术通过智能家居设备的应用，极大地提升了老年人的生活便利性。智能门锁、智能照明、智能温控等设备的引入，使得老年人可以通过语音指令或手机 APP 等实现对家居环境的远程控制。这种智能化的管理方式不仅减轻了老年人的生活负担，还提高了其生活的安全性和舒适度。同时，物联网技术还通过视频监控、智能安防等设备，实现了对老年人居住环境的全方位监护，有效预防了跌倒、走失等意外事件的发生。

2. 全球老龄化的危机

全球老龄化正逐步加剧社会负担，表现为非生产性人口的经济占比上升、养老基金资源日益紧张，以及医疗保健需求的激增。这一现象深刻影响着潜在经济增长率与创新能力，

图 7-3 AI 辅助诊断系统

图 7-4 物联网技术在社区养老中的应用

在紧急救援方面，物联网技术同样发挥了重要作用。通过集成紧急呼叫系统、GPS 定位等功能，物联网设备能够在老年人遇到紧急情况时迅速发出求救信号，并准确传达其位置信息。这一功能极大地缩短了救援响应时间，提高了救援成功率，为老年人的生命安全提供了有力保障。物联网技术还通过数据分析与个性化服务的应用，为老年人提供了更加精准的养老服务。通过对大量居家养老数据的分析，物联网系统可以挖掘出老年人的生活习惯、健康需求等信息，从而为其提供更加个性化的健康建议、生活指导等服务。这种以数据为驱动的服务模式，不仅提高了养老服务的针对性和有效性，还促进了养老资源的优化配置和高效利用。

2. 物联网社区养老应用

物联网技术通过其广泛的连接性和智能感知能力，将社区内的各种养老资源与服务设施紧密联系在一起，形成了一个集健康管理、生活服务、安全监护等功能于一体的综合性养老服务平台。该平台利用传感器、可穿戴设备、智能家居等物联网终端，实时采集老年人的生理数据、行为模式及居住环境信息，并通过大数据分析技术，对老年人的健康状况、生活需求及潜在风险进行深度挖掘与预测。这一过程不仅为社区养老服务的个性化与精准化提供了科学依据，还推动了养老服务模式的智能化转型。

在健康管理方面，物联网技术实现了对老年人健康状况的实时监测与远程管理。通过智能手环、血压计等可穿戴设备，老年人的心率、血压、血糖等生理指标数据得以实时上传至云端平台，医护人员或家属可随时查看并进行评估与干预。同时，物联网技术还支持远程医疗咨询与在线问诊服务，老年人可通过视频通话等方式与医生进行交流，获取专业的医疗建议与治疗方案。（见图 7-3）

在生活服务方面，物联网技术为老年人提供了更加便捷、舒适的居家生活环境，不仅提高了老年人的生活自理能力，还降低了其生活中的安全风险。此外，物联网技术还通过智能药盒等设备实现了对老年人用药管理的智能化控制，有效避免了因忘记服药或重复服药而引发的健康问题。

在安全监护方面，物联网技术同样发挥了重要作用。通过安装智能摄像头、烟雾报警器等安防设备，社区可以对老年人的居住环境进行全天候监控与预警。一旦发生异常情况如跌倒、火灾等危险事件时，系统会立即启动应急响应机制并通知相关人员进行处理。这不仅提高了老年人的安全感与满意度，还减轻了家属与社区工作者的负担（见图 7-4）。

图 7-5 对用户健康数据的实时检测

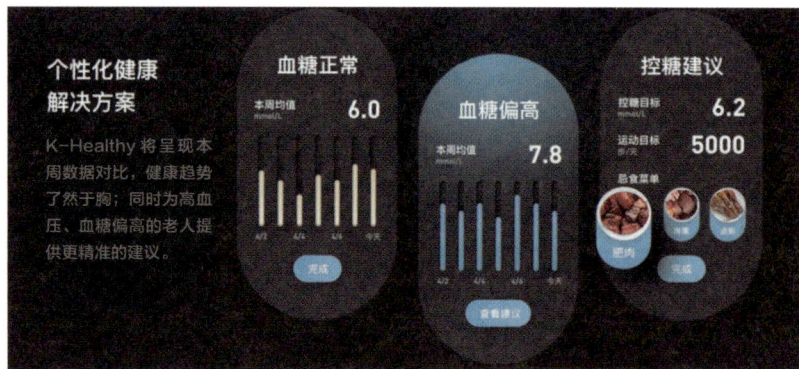

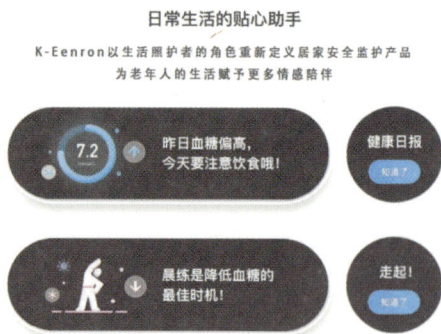

图 7-6 系统为用户量身定制个性化的健康解决方案

二、人工智能辅助健康管理

（一）智慧医养与管理

在人工智能辅助健康管理中，"智慧医养，智能管理"的实现，是通过深度融合人工智能技术、大数据分析与物联网技术，构建一个全方位、个性化的健康管理生态系统。这一系统不仅关注个体的健康状况，还致力于优化医疗资源配置，提升医疗服务效率与质量，从而实现健康管理的智慧化与智能化。

1. 实时监测与预警

智慧医养系统依托可穿戴智能设备，如智能手表、智能手环等，能够持续、精准地监测用户的生理指标，包括心率、血压、血氧饱和度、体温以及睡眠质量等。这些数据通过无线传输技术实时同步至云端服务器，确保了数据的及时性和准确性。云端平台利用大数据分析技术，对这些海量数据进行深度挖掘，识别出用户健康状况的变化趋势和潜在风险。

在智能管理方面，系统集成了多种算法和模型，包括机器学习、深度学习等，以实现对健康数据的智能分析。通过对用户健康数据的实时监测，

系统能够自动识别异常状态，如心率过快、血压过高或血氧饱和度下降等，并立即触发预警机制。这一预警过程高度自动化，能够在第一时间通过短信、APP 推送、监护大屏等多种方式，向用户本人、家庭成员或医疗机构发出警报，使相关人员及时采取干预措施（见图 7-5）。

2. 个性化健康检测

个性化健康检测的基础在于全面而精准的数据收集。智慧医养系统利用物联网设备，持续监测用户的生理指标（如心率、血压、血糖、睡眠质量等）以及行为数据（如运动量、饮食习惯等）。这些数据实时上传至云端服务器，形成了用户个人的健康数据库。这一数据库不仅记录了用户当前的健康状况，还显示了历史数据的变化趋势，为个性化健康检测提供了丰富的数据源。

系统利用大数据分析和机器学习算法，对用户的健康数据进行深度挖掘和智能分析。通过对用户年龄、性别、家族病史、生活习惯等多维度信息的综合考量，系统能够识别出用户

的风险点和潜在问题。同时，结合医学知识和临床数据，系统能够为用户量身定制个性化的健康解决方案（见图 7-6）。这一方案不仅关注用户当前的健康状况，还能预测未来的发展趋势，为用户提供前瞻性的健康管理建议。通过用户与系统的互动反馈，系统不断调整优化检测策略，确保健康检测的精准性和有效性，为用户带来更加贴心、高效的健康管理体验。

3. 自动化健康提醒与干预

智慧医养系统凭借大数据分析、机器学习算法与个性化监测设备，实现了对用户健康状态的深度洞察与精准检测。系统持续收集并分析用户的生理指标、行为习惯及生活数据，结合用户个人特征与健康需求，构建出独一无二的健康画像。基于此，AI 能够自动调整检测内容与频率，提供定制化的健康检测方案，既关注当前健康状况，又预测未来风险，确保每位用户都能获得最适合自己的健康管理服务。

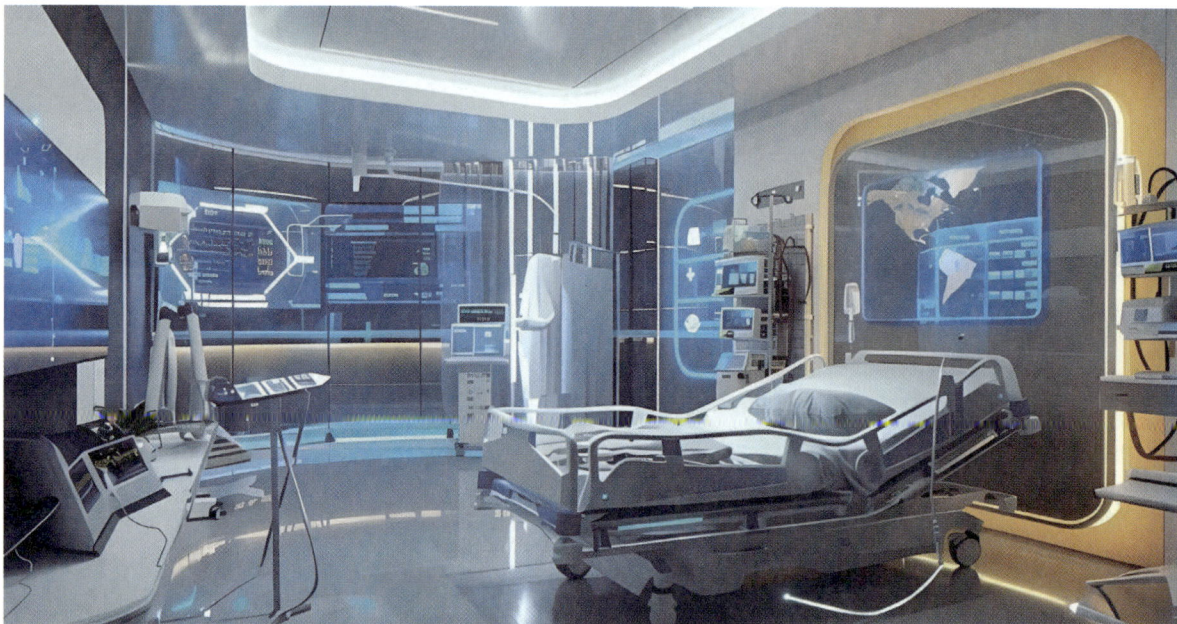

图 7-7 AI 健康监测

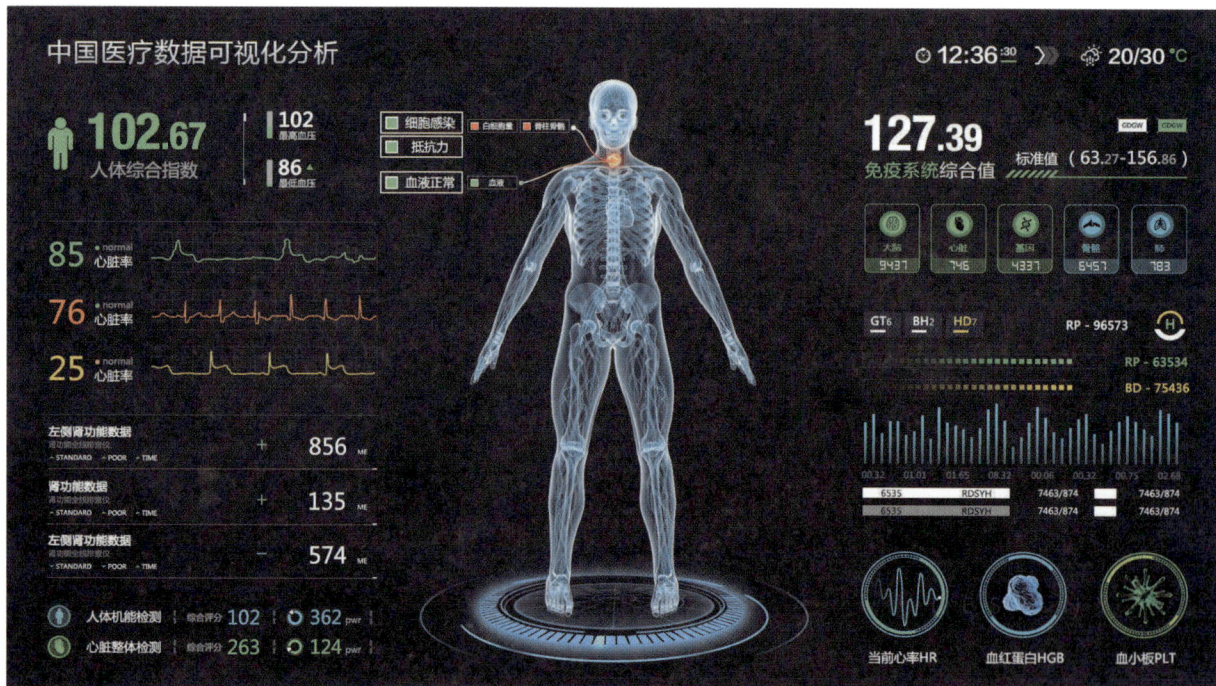

图 7-8 云端数据分析平台利用 AI 算法对患者的数据进行深度分析

（二）技术发展趋势

1.AI 技术在健康监测领域的应用趋势

随着技术的不断进步，AI 将能够更精准地捕捉和分析用户的健康数据，从细微的生理变化中预测潜在的健康风险。AI 深度融合了物联网等先进技术，可实现全天候、无缝化的健康监测，让用户无论身处何地都能享受到个性化的健康管理服务。此外，AI 还将推动健康监测向智能化、自动化方向发展，通过自主学习和持续优化，为用户提供更加精准、高效的健康干预方案，助力实现"智慧医养，智能管理"的愿景（见图 7-7）。

2.AI 驱动的远程健康监测技术

AI 驱动的远程健康监测技术主要依赖于智能穿戴设备、移动健康应用、医疗传感器以及云端数据分析平台等。相关设备持续监测患者心率、血压等，并通过无线连接技术将数据实时传输至云端。云端数据分析平台则利用 AI 算法对收集到的数据进行深度分析（见图 7-8）。

（1）健康问题早期发现和预防。

远程健康监测技术通过持续监控生理指标，如心率、血压等，精准捕捉异常。此机制能助力医疗人员远程调整治疗方案，必要时开展会诊，实现精准健康管理。

（2）慢性病持续监测和管理。

许多慢性疾病患者如糖尿病、高血压患者等，需持续监测健康参数以优化管理并预防并发症。远程健康监控系统使患者能在家中便捷追踪关键指标，减少就医次数（见图 7-9）。同时，系统集成的药物提醒、症状跟踪及教育资源等功能，助力患者自我管理，提升健康管理水平。

（3）远程患者监测和远程医疗促进。

远程健康监测系统在医疗介入受限时凸显价值，实现远程健康评估、进展追踪与即时干预。同时，支持远程医疗咨询，患者通过在线平台可随时随地与医生沟通，减轻患者负担，提升服务体验。

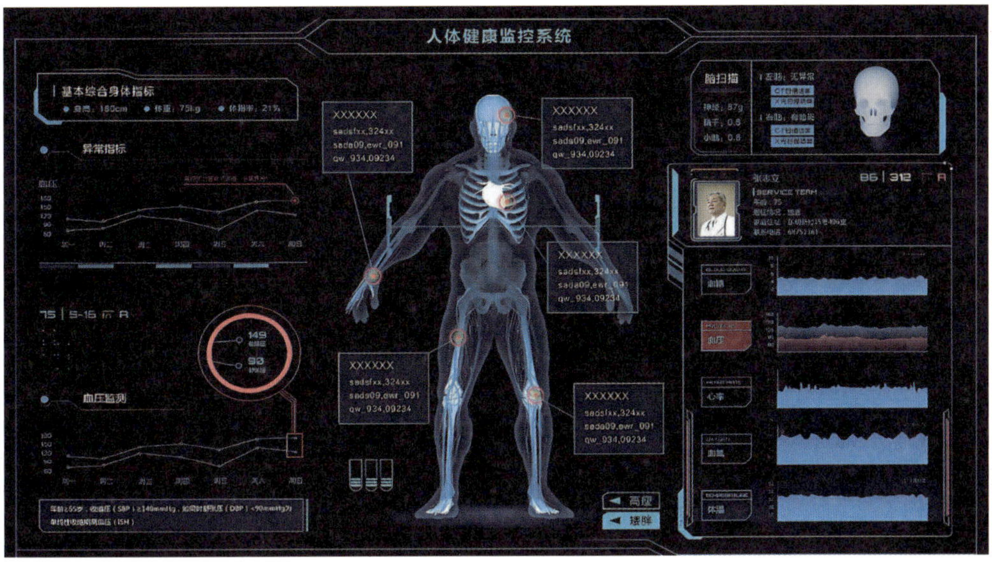

图 7-9 远程健康监控系统

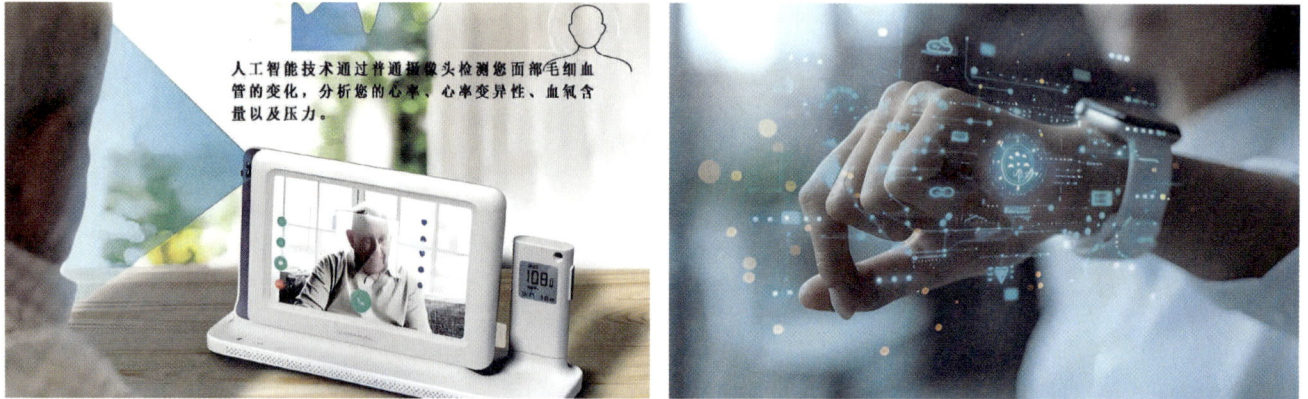

图 7-10 智能硬件实时健康监测功能

图 7-11 生成式人工智能预测健康风险

（三）应用案例与实践

1. 智能硬件收集健康信息

智能硬件在实时收集健康信息方面的应用已经越来越广泛，这些设备通过内置的传感器和算法，能够实时监测并记录人体的各项生理参数，为用户提供准确的健康数据。智能硬件的飞速发展正深刻改变着我们的健康管理方式。

用户佩戴或使用的智能硬件，如智能手环、健康监测手表等，通过内置的传感器和先进的算法技术，能够持续监测心率、血压、能量消耗等多项关键健康指标。这些智能硬件不仅能够让用户随时了解自己的身体状况，还能在异常情况下及时发出警报，有效预防潜在的健康风险。例如，一位用户佩戴的智能手环在夜间自动监测到其心率异常升高，并立即通过手机 APP 向用户发送了提醒通知。用户根据提示进行了自我检查，并及时寻求医疗帮助，从而避免了可能的健康危机。这样的实时健康监测功能，不仅提升了用户的健康意识，也为紧急医疗干预争取了宝贵的时间（见图 7-10）。

智能硬件将收集到的健康数据进行汇总分析，形成可视化的健康报告。用户通过手机 APP 查看自己的健康趋势图、历史数据对比等信息，全面地了解自己的健康状况。这些报告不仅有助于用户进行自我管理，也为医生提供了有价值的参考信息，便于进行更精准的诊断和治疗。

2. 生成式人工智能预测健康风险

生成式人工智能在医疗健康领域的应用正逐步深化，其在预测健康风险方面展现出了非凡的能力。通过深度学习和复杂算法，这些先进的系统能够综合分析患者的生理指标数据、生活习惯信息以及遗传背景，从而生成高度个性化的健康风险评估报告。

这些报告不仅详尽地列出了患者当前可能面临的健康风险，如心血管疾病、糖尿病等慢性病的潜在发展趋势，还基于大数据分析和机器学习模型的预测能力，为患者提供了未来几年内可能遇到的健康挑战的预警。这种前瞻性预测，使得患者和医疗机构能够提前采取措施，制订个性化的预防和治疗计划，有效遏制疾病的发生和发展。

生成式人工智能还擅长从海量数据中挖掘出隐藏的健康模式和关联，为科学研究提供新的视角和思路。通过对患者群体数据的综合分析，系统能够识别出影响健康的关键因素，为制定更广泛、更有效的公共卫生政策提供有力支持。

在预测健康风险方面，生成式人工智能不仅为患者带来了更加精准、个性化的健康服务体验，也为医疗行业的创新和发展注入了新的活力。随着技术的不断进步和应用的不断拓展，我们有理由相信，未来的医疗健康管理系统将更加智能化、精准化，为人类的健康福祉保驾护航（见图 7-11）。

续图 7-11

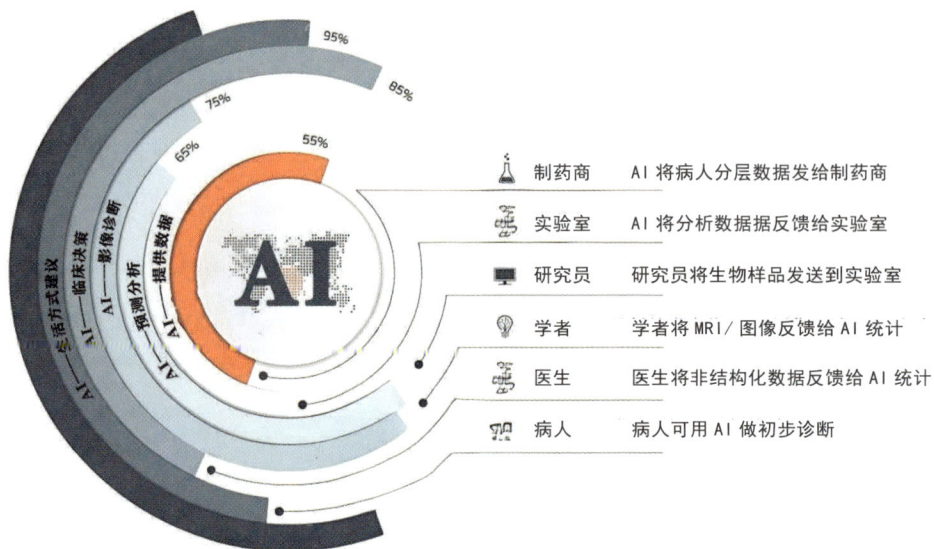

图 7-12 AI 慢性病管理健康系统的设计

制药商	AI 将病人分层数据发给制药商
实验室	AI 将分析数据据反馈给实验室
研究员	研究员将生物样品发送到实验室
学者	学者将 MRI／图像反馈给 AI 统计
医生	医生将非结构化数据反馈给 AI 统计
病人	病人可用 AI 做初步诊断

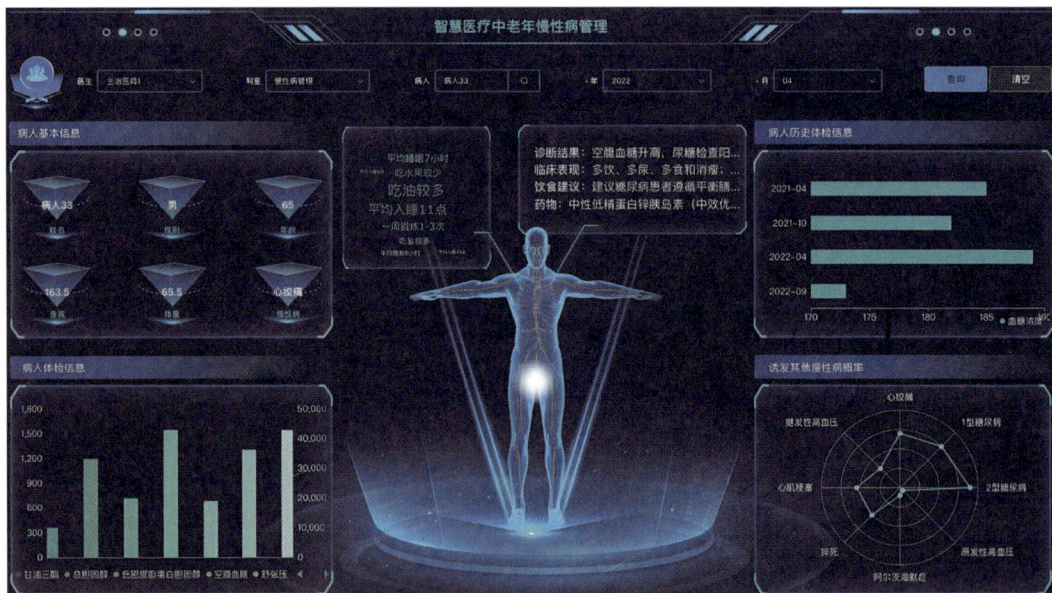

图 7-13 智慧医疗中老年慢性病管理分析

3. 基于 AI 的慢病管理健康系统设计与实现

在当代社会，慢性疾病已然成为全球健康领域面临的一项严峻考验，它们沉重地压迫着患者的生活，并深刻影响医疗体系的稳定与社会经济的繁荣。这类顽疾，诸如心血管疾病、糖尿病以及慢性肾脏疾病等，其病程长且病情迁延不愈，初期症状又常隐匿不显，导致它们易被忽视，患者屡屡错失诊治时机。此外，慢性疾病的管理模式大多依赖于医师的个人经验积累与患者的自主健康监测，这一模式面临着信息搜集不全、预测精准度欠缺等问题。鉴于此，构建一个精确且值得信赖的慢性病健康风险预警体系显得尤为迫切。在这一背景下，基于 AI 的慢病管理健康系统应运而生（见图 7-12）。

该系统包含数据采集与整理模块、特征提取与构建模块、模型训练与预警模块三大部分。通过紧密集成这些模块，设计师构建了一个全面的健康风险预警体系，充分契合实际应用需求。该系统被部署至医疗机构或直接面向患者，持续不断地提供健康监测与个性化管理支持（见图 7-13）。

数据采集与整理模块：此模块的核心职能在于全面搜集患者的关键生理指标、日常生活习惯信息以及详尽的病史资料；随后对这些原始数据进行精心整理与净化处理，剔除异常记录与空白值，从而保障数据准确无误与全面完整。此外，可使用人工智能手环、智能手表等智能穿戴设备，实现数据的即时捕捉与传输；也可通过用户友好的应用程序界面或在线问卷调查，收集患者的生活习惯数据，确保数据的全面覆盖与实时更新（见图 7-14）。

特征提取与构建模块：此模块从纷繁复杂的原始数据中提炼出具有预测价值的特征元素，并精心构建出一套适用于后续建模分析的特征体系。例如，结合血压与心率的动态变化趋势，或是探索饮食结构与运动习惯之间的潜在关联，这些新构建的特征进一步丰富了预测模型的输入空间，提高了风险评估的准确性与全面性。

模型训练与预警模块：此模块承担着选择并优化机器学习或深度学习模型的重任，旨在利用过往积累的历史数据，对模型进行精心训练，以实现对患者健康风险的精准预测与及时预警。慢病管理健康系统深度融合了人工智能和智能算法，将精心提取的特征数据作为模型学习的基石，而将患者的健康风险等级明确设定为模型预测的目标标签，从而确保了输入数据与预测目标之间的高度一致性。

总之，通过对患者生理指标与生活习惯信息的深入整合与建模分析，我们能够敏锐地洞察患者的健康异常迹象与潜在风险隐患，进而为其量身定制个性化的预防与管理指导方案。此举不仅极大地提升了为患者提供的健康服务的精准度，也为医疗机构及政府部门在慢性病管理领域提供了强有力的支持。展望未来，科研工作者将持续致力于算法与模型的精进与优化，以期进一步增强系统的效能与用户体验，共同推动构建一个更加健康、和谐的社会环境，为人类的福祉贡献卓越的力量。

图 7-14 通过人工智能手环实现数据的即时捕捉与传输

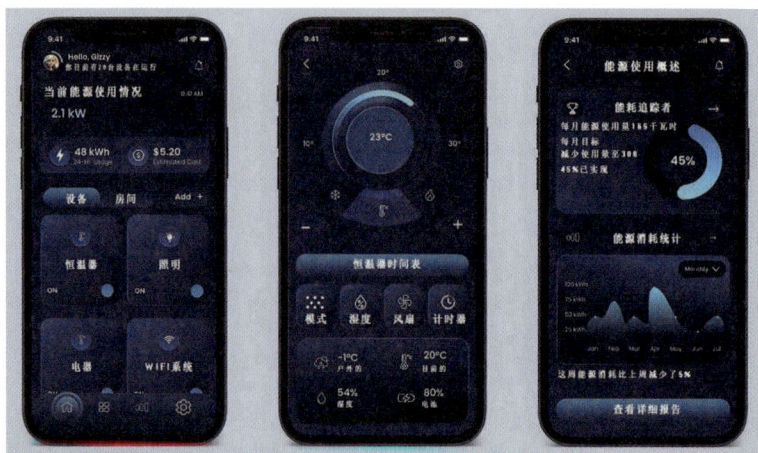

图 7-15　智能家居简洁直观的界面设计

图 7-16　智能家居产品

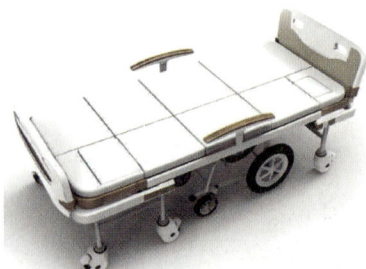

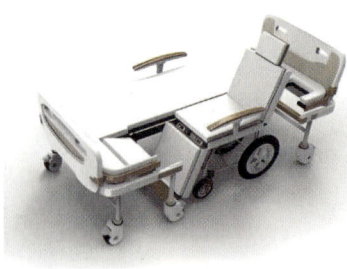

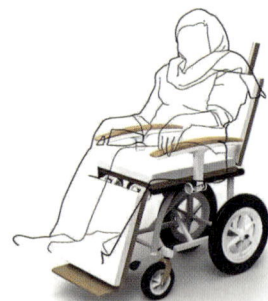

图 7-17　智能护理床

三、智能家居与无障碍生活环境

（一）智能家居设计的核心要素

智能家居产品的设计承载着深远的意义，旨在全面响应用户群体的多元化需求，显著提升他们的生活满意度与幸福感。在设计构思中，务必坚守易用性、实用性、安全性及人性化的核心理念，确保产品贴近用户的实际生活场景。

智能家居设计的核心要素主要包括以下几个方面：①鉴于物联网技术的蓬勃发展，智能家居的设计中需融入简洁直观的界面，便于老年用户轻松上手（见图7-15）；②提供个性化定制功能，让每位老人都能享受到专属的便利；③强化多模态交互设计，确保无论是通过语音、手势还是其他自然方式，都能实现顺畅的人机交互，远程监控与设备联动功能的融入，则进一步提升了老年居住环境的智能化水平，让关爱无距离；④在追求智能化的同时，必须高度重视安全与隐私保护，构建让老年用户安心的生活环境。通过这些措施，我们致力于为老年人打造一个更加舒适、便捷、安全的居住空间，从而促进他们的身心健康，提升他们的幸福感受。

1. 智能家居的创新导向

智能家居市场展现出了巨大的潜力，企业正通过多元化路径稳步渗透这一领域。目前智能家居的创新导向多维度地促进了现代居住环境的革新，具体体现在以下几个关键方面。

家居设备与人工智能技术的深度融合，使家居设备智能化水平跃升，能够主动学习并适应用户的生活习惯，提供个性化服务，如智能音箱根据用户喜好播放音乐、智能照明根据环境自动调节亮度等。在安全性方面，智能家居强化了安全防护措施，如智能监控摄像头、门锁及报警系统的广泛应用，结合远程监控与即时通知功能，有效增强了用户的安全感（见图7-16）。

智能家居系统还致力于节能环保，通过精准调控家居设备的能耗，如智能温控器的温度自动调节与自动化窗帘的光照管理，助力用户实现绿色生活。此外，优化用户体验是智能家居系统不可或缺的一环，通过简化操作流程与提供直观易用的界面，如手机应用远程控制或语音操控，家居管理变得前所未有的便捷。

最后，模块化设计的应用，赋予智能家居系统高度的灵活性与可定制性，允许用户根据个人需求自由组装与扩展，实现个性化的居住环境。

2. 智能家居中的情感化设计

在智能家居中巧妙地融入情感化设计，能显著提升用户使用过程中的情感体验。如今，在智能家居市场的快速发展中，产品多聚焦于追求科技前沿与智能化，主要面向年轻消费群体，而老年用户群体在使用这些高科技产品时，常面临操作复杂、理解困难的挑战。

解决核心问题，满足情感需求。智能家居产品应摒弃冗余部位与复杂功能，以实用为核心设计理念，缓解老人对体能下降的担忧，助其重拾自信、融入社会，奠定情感化设计基石（见图7-17）。

化繁为简，融入情境。精简信息，提升易读性，减轻智能产品对老年人的压迫感。"清晰、易懂、实用"是老年用户的基本诉求，应避免无用信息干扰，减轻记忆负担。操作界面作为人机交互核心，应融合多学科设计原则，强调易读、便捷、即时准确反馈。

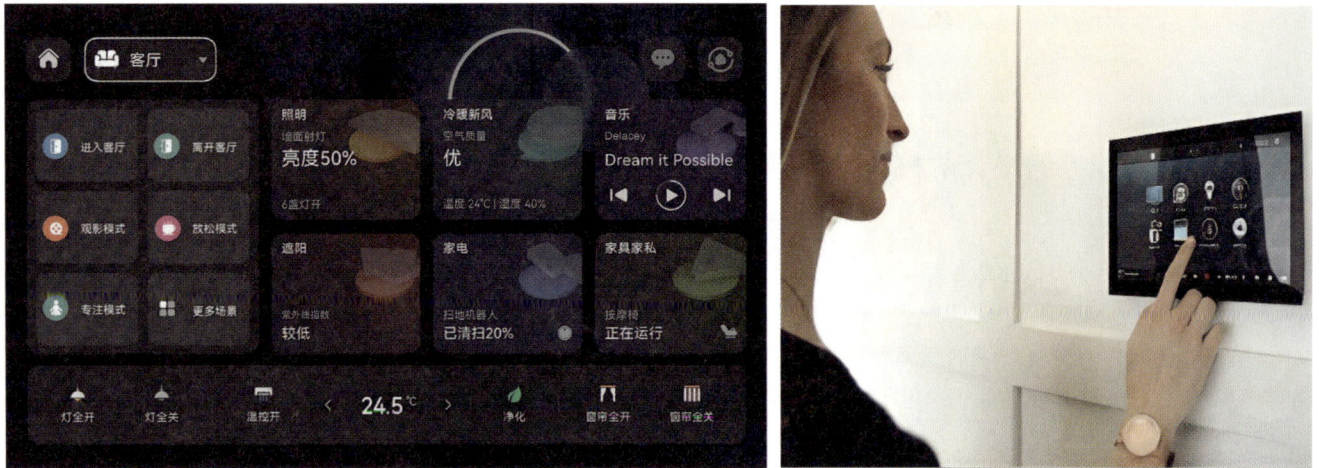

图 7-18 用户与智能设备进行交互

图 7-19 盲道、无障碍通道

3. 用户体验与智能家居设计

在用户体验的视角下，智能家居设计致力于创造一个既智能又舒适、便捷的生活环境。这种设计不仅关注技术的先进性和功能的实用性，更将用户的感受和需求置于核心地位。为了打造更加人性化、便捷且安全的智能生活空间，设计应聚焦于以下几个方面。

（1）个性化设置。

智能家居设计强调个性化与定制化。通过用户数据的收集与分析，系统能够学习并适应每个家庭成员的习惯和偏好，从而提供个性化的服务。例如，智能照明系统可以根据用户的日常作息习惯自动调整光线亮度和色温，营造出最适合当前活动的氛围。

（2）无缝的设备连接。

智能家居设计注重无缝的交互体验。设备间的连接应流畅无阻，用户能够轻松管理和控制所有智能家居设备，无须烦琐的设置步骤，实现真正的智能化生活。这意味着用户可以通过多种便捷的方式与智能设备进行交互，如语音控制、手势识别、手机APP 等，从而在不同场景下都能轻松控制家中的智能设备。同时，设备之间的互联互通也是关键，应确保各个系统能够协同工作，共同为用户提供流畅、连贯的体验（见图 7-18）。

（3）数据安全与隐私保护。

智能家居设计强调安全性与隐私保护。在享受智能家居带来的便利的同时，用户对个人数据和隐私的安全也极为关注。因此，智能家居系统需要采用先进的安全技术，确保用户数据的安全传输和存储，并明确告知用户数据的收集和使用方式，让用户能够放心使用。

（4）环保节能。

智能家居设计还关注环保节能。通过智能化的管理，系统能够自动调整家电的能耗，减少不必要的浪费，从而实现节能减排的目标。这不仅有助于降低用户的能源开支，还符合现代社会对可持续发展的追求。

用户体验下的智能家居设计是一个综合考虑个性化、交互性、安全性、隐私保护以及环保节能等多个方面的过程。通过不断优化这些方面，智能家居将为用户带来更加舒适、便捷、安全、环保的生活体验。

（二）无障碍设计原则

无障碍设计的概念源自 1974 年联合国组织提出的设计新主张。这一概念强调，在科学技术高度发展的社会，无论公共空间还是建筑设施，均须兼顾生理障碍者与行动能力减弱群体（如残疾人与老年人）的特殊需求，通过配备适应性服务与装置，构建一个既安全又便捷、充满人文关怀的现代生活环境，确保所有人群均能平等、舒适地享受生活。无障碍设计不仅关注物理空间的改造，更涉及社会、文化、心理等多个层面的综合考量。在学术研究中，无障碍设计融合了建筑学、环境科学、人体工程学、心理学等多个学科的知识，形成了一套系统的理论体系和设计方法。随着人口老龄化和残疾人数量的增加，社会对无障碍设计的需求更加迫切。未来，无障碍设计将更加注重通用性、智能化和人性化，为所有人提供更加便捷、安全、舒适的生活环境（见图 7-19）。

1. 人机工程学原则

人机工程学是研究"人—机—环境"系统中人、机、环境三大要素之间的关系，为解决该系统中人的效能、健康问题提供理论与方法的科学。人机工程学在设计中的运用非常广泛，不但是确定人和人际在室内活动所需空间的主要依据，也是确定家具、设施的形体、尺度及其使用范围的主要依据。在老年人产品设计中，人机工程学的应用具有重要意义。例如，洗澡椅等产品的设计需要关注老年人在使用过程中的舒适性问题，使产品与老年人的身体更加契合。通过对老年人体尺寸的分析，可为产品设计提供角度、长度、宽度等相关方面的数据支持；通过分析老年人的行为状态，可获得产品的负荷范围、使用频率、使用方式等方面的信息。

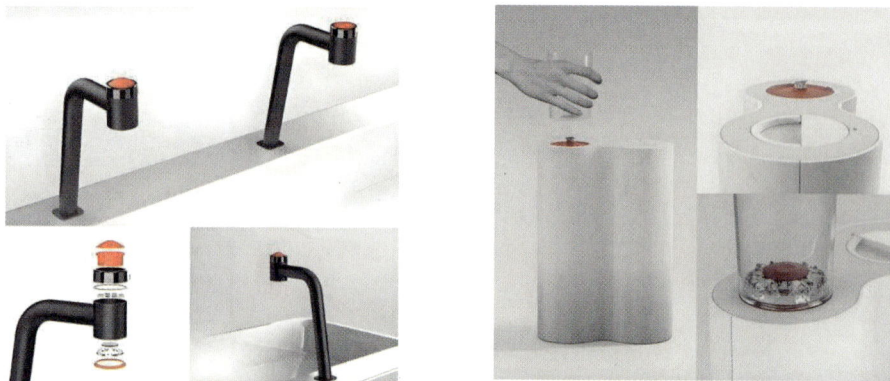

图 7-20 微凸－视障人士水龙头、无障碍饮水机

图 7-21 多功能老年人助行器

图 7-22 智能语音系统

2. 简易化原则

简易化原则的核心在于"简化"，即去除不必要的复杂性，保留核心功能和价值。这一原则要求设计师在设计和实施过程中，始终关注用户的需求和体验，通过优化设计、流程再造等方式，实现产品或系统的简洁、易用和高效。简易化原则旨在降低用户误操作的可能性，并消除使用过程中的困扰，尤其对于老年用户群体，这一原则在产品的设计中尤为重要。例如，微凸－视障人士水龙头能够帮助视障人士在洗手时判断水温高低，此水龙头旋钮的顶部是用柔软的硅胶制成的，旋转旋钮以增加水温时，旋钮顶部会对应凸起，温度越高凸起幅度越大。无障碍饮水机为视障人群饮水提供了创造性的解决方式，他们不需要将水壶对准茶杯进行倒水，也不用担心水位过高导致水溢出杯子，使用者只需要将特殊设计的杯子放置在指定位置即可。（见图 7-20）

3. 人性化原则

人性化原则的核心是"以人为本"，旨在增强老年群体的社会认同感，帮助老年人融入新时代社会的发展中。人性化原则在出行产品的设计上主要体现在关怀性、舒适性、便捷性三个方面。在关怀性方面，主要体现为清晰的操作步骤。老年群体在视觉、听觉方面与年轻群体不同，在设计时可以通过色彩、材质等进行关怀性设计，如导视系统用不同的色彩进行功能界面的引导和区分，加强老年群体的五感体验。在舒适性方面，可增加减少体能消耗的人性化设计，如在老年助行器中增加置物篮的设计，在解决老年人群体出行问题的同时满足其实际需求（见图 7-21）。在便捷性方面，主要体现为出行流程的差异化，如在老年群体乘车时为其提供换乘提醒、上下车提醒、路线指引等人性化的功能设计，为老年群体出行提供便利。

（三）实践案例

1. 智能语音系统

老年人由于记忆力衰退等原因，在生活中存在反应速度慢、易遗忘事情等问题。通过语音识别功能，老年人只需发出口头指令即可实现打电话、看电视、浏览新闻、查询信息等多种功能。这种操控方式简化了产品的操作流程，使老年人更容易上手和使用。智能语音系统能够结合大数据和机器学习算法，为老年人提供个性化的健康管理建议，包括饮食调整、运动计划等，并通过语音交互的方式指导老年人执行。老年人还可以通过语音指令控制家中的照明、空调、电视等智能设备，提高生活便利性和居住舒适度。此外，智能语音助手可以作为老年人的情感陪伴者，通过自然语言处理技术与老年人进行交流，缓解老年人的孤独感和焦虑感，提供情感支持和社交互动。智能语音系统在养老中的应用涵盖了健康、生活、情感等多个方面，为老年人提供了全方位、个性化的服务支持。随着科技的不断发展和智能养老产业的快速推进，智能语音系统在养老中的应用前景将更加广阔（见图 7-22）。

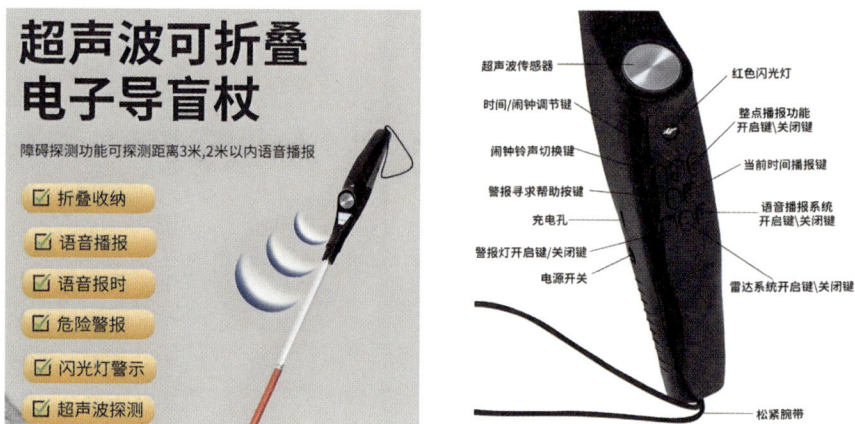

超声波可折叠
电子导盲杖

障碍探测功能可探测距离3米,2米以内语音播报

☑ 折叠收纳
☑ 语音播报
☑ 语音报时
☑ 危险警报
☑ 闪光灯警示
☑ 超声波探测

超声波传感器
时间/闹钟调节键
闹钟铃声切换键
警报寻求帮助按键
充电孔
警报灯开启键/关闭键
电源开关

红色闪光灯
整点播报功能
开启键\关闭键
当前时间播报键
语音播报系统
开启键\关闭键
雷达系统开启键\关闭键

松紧腕带

图 7-23 超声波可折叠电子导盲杖

图 7-24 宠物机器人

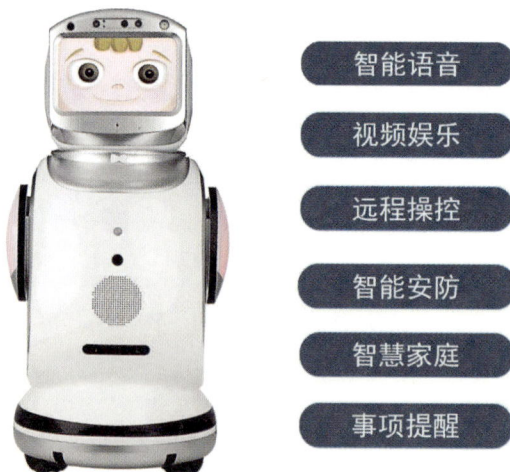

智能语音
视频娱乐
远程操控
智能安防
智慧家庭
事项提醒

图 7-25 老人陪伴智能机器人

2. 视障辅助设备

超声波可折叠电子导盲杖（见图 7-23）旨在为视障老年群体提供增强的视觉体验。其设计融合了计算机、人工智能及摄像头等前沿科技，以实现对周围环境的即时识别与深度分析。通过将捕捉到的场景信息转换成声音或触觉信号，电子导盲杖可有效协助老年人辨识人群及障碍物，增强对外界环境的感知与理解，提升日常生活的安全性和便捷性。在设计此类设备时，应遵循以下策略，确保产品贴合视障老人的实际需求。

用户特性适应性：针对视障老年用户，设计产品时应充分考虑其生理与心理特征，确保使用的舒适性、易用性及愉悦性。产品应便于操作，控制按钮应设计为大号且凸起，便于触摸分辨。

感官代偿机制：人体在某一感官功能受损时，其他感官会相应地增强以弥补这一缺失，从而维持对外界信息的全面感知。在设计产品时，应充分考虑这一生理特性，利用听觉与触觉等未受影响的感官，实现环境信息的有效传递。

3. 家庭机器人

家庭机器人是近年兴起的多功能服务型机器人，旨在为用户提供多样化的便捷服务。软银机器人 Pepper 的问世，不仅彰显了机器人在技术层面的飞跃，更标志着机器人在实际应用领域的深刻变革。当前，此类机器人正稳步跨越研发试验与原型探索阶段，向小规模商业化生产迈进，可为老年群体提供切实有效的生活辅助与支持，彰显了科技在增进老年人福祉中的积极作用。当前市场涌现出众多外观各异、功能丰富的机器人，它们可根据老年用户需求预设功能程序。而精准把握老年用户需求，并以此为指导进行设计，对于降低不必要的开支、惠及商家与消费者均具有重要意义。

在设计家庭机器人时，应进一步细分用户群体，为不同用户提供个性化定制服务。例如，为儿童设计的宠物机器人应具备智能语音功能（见图 7-24），而为老人设计的机器人则需强化视觉交流元素（见图 7-25）。遵循以用户需求为核心的设计理念，不仅能增强用户的情感认同，提升服务体验，还能有效规避因功能冗余而导致的操作复杂、易用性下降等问题。

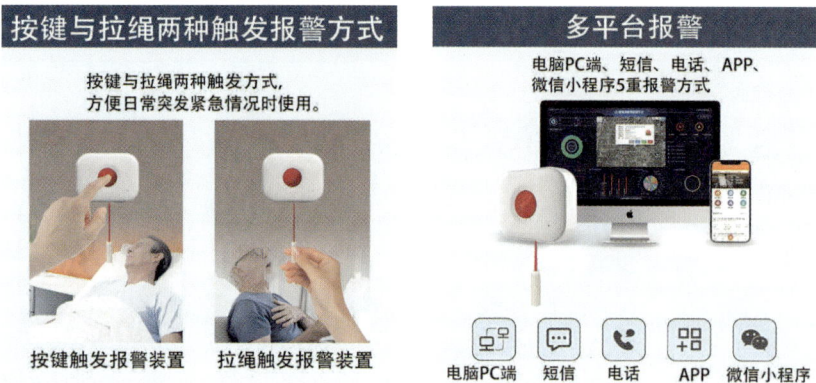

按键与拉绳两种触发报警方式

按键与拉绳两种触发方式，
方便日常突发紧急情况时使用。

按键触发报警装置　　拉绳触发报警装置

多平台报警

电脑PC端、短信、电话、APP、
微信小程序5重报警方式

电脑PC端　短信　电话　APP　微信小程序

图 7-26　紧急救援

图 7-27　实时定位与追踪

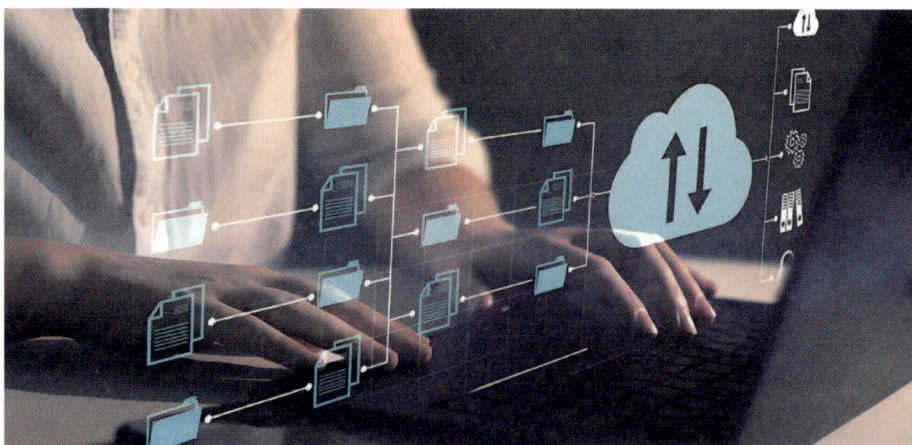

图 7-28　数据传输

四、远程监控与紧急救援系统

智能技术在远程监控与紧急救援系统方面的应用体现在以下方面：通过传感器实时监测老年人状态，AI摄像头识别异常行为并即时报警；智能手机等设备便于沟通，一键呼叫和GPS定位确保快速求助；强化数据保护，简化操作界面，提高易用性，提升老年人生活质量。这些措施旨在帮助老年人过上安全、独立的生活，并在紧急时刻提供及时帮助。

（一）紧急救援系统需求

紧急救援系统专为老年人在遭遇突发状况时能够迅速获得援助而设计。该系统强调即时响应能力，一旦检测到紧急情况，无论是通过用户手动操作的一键呼叫装置，还是系统对紧急事件的自动识别，都能立即启动相应的救援流程。为了确保用户能迅速与外界取得联系，系统配备了可靠的通信设备，包括紧急呼叫按钮、智能手机或专用的通信终端，这些设备能够确保老年人迅速联系到紧急联系人或专业的救援团队（见图7-26）。

在紧急救援系统中，精准定位功能至关重要，需集成GPS或其他定位技术，以便在户内外环境中准确找到需要帮助的人。紧急救援系统应具备多级报警机制，根据突发事件的不同紧急情况的严重程度设定报警级别，并能够向多个预设的接收方发送警报，如家人、邻居、社区服务中心或医疗机构。

1. 实时定位和追踪

紧急救援系统中的实时定位和追踪功能是确保用户在遇到紧急情况时能够迅速获得帮助的重要因素。这一功能的设计首先需要确保定位精度达到高水准，无论是利用全球导航卫星系统（如GPS、北斗）还是室内定位技术（如UWB），系统都应在各种环境下提供精确的位置信息，确保救援人员可以快速找到求助者的位置（见图7-27）。

系统的实时追踪功能是一项至关重要的功能，它能够在动态环境中持续不断地更新用户的位置信息，确保无论求助者如何移动，系统都能实时捕捉并更新其位置。这一特性在复杂多变的搜索和救援环境中显得尤为重要，尤其是在老年人可能因意外而无法自行报告位置的情况下，实时追踪功能更是成了不可或缺的救命稻草。

2. 数据传输的可靠性

在紧急救援系统中，数据传输的可靠性是确保救援行动有效的关键。5G网络以其高速率和低延迟的特性，可实现关键信息的快速传递，这对于救援行动的协调和执行至关重要。5G技术能够支持高清视频和大量传感器数据的实时传输，从而提高救援决策的准确性（见图7-28）。

卫星通信技术如北斗系统的集成，为紧急救援提供了一种在地面通信基础设施受损时的可靠通信手段。卫星通信网的广泛覆盖确保在偏远地区或受灾地区也能维持通信，这对于快速部署救援资源和协调救援行动至关重要。

自动重传机制的实施有助于及时补充和纠正在数据传输过程中丢失或损坏的数据包，从而保障了数据的完整性和准确性。通过这种方式，即使在网络条件不理想的情况下，紧急救援系统也能够确保关键信息的可靠传递。

时间敏感网络（TSN）技术通过精确的时钟同步和流量调度，对不同类型的数据流进行管理，确保关键数据优先传输，减少了网络拥塞和传输延迟。这种技术的应用提高了紧急情况下数据传输的可靠性，确保了救援指令和信息的及时传达。

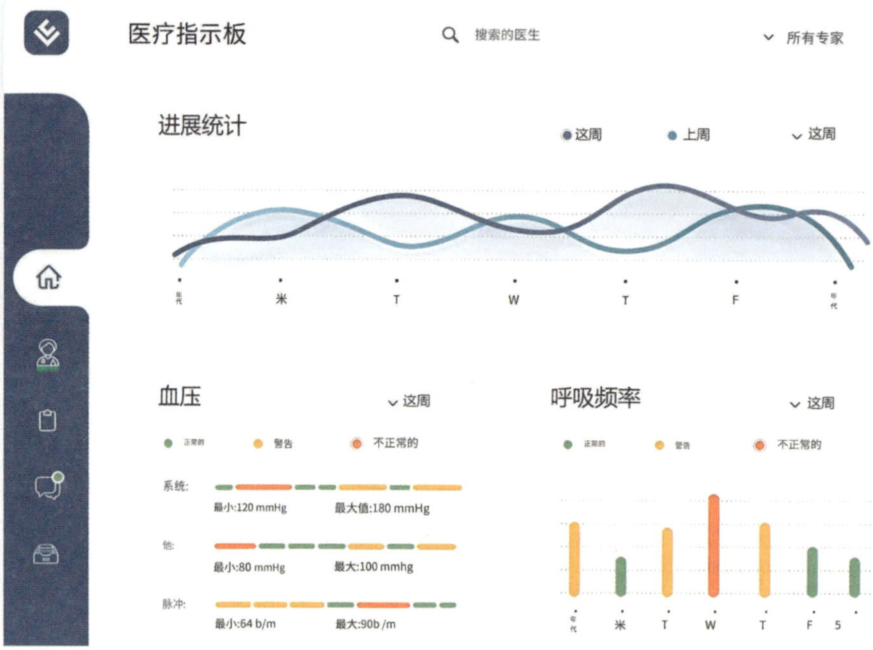

图 7-29 数据采集

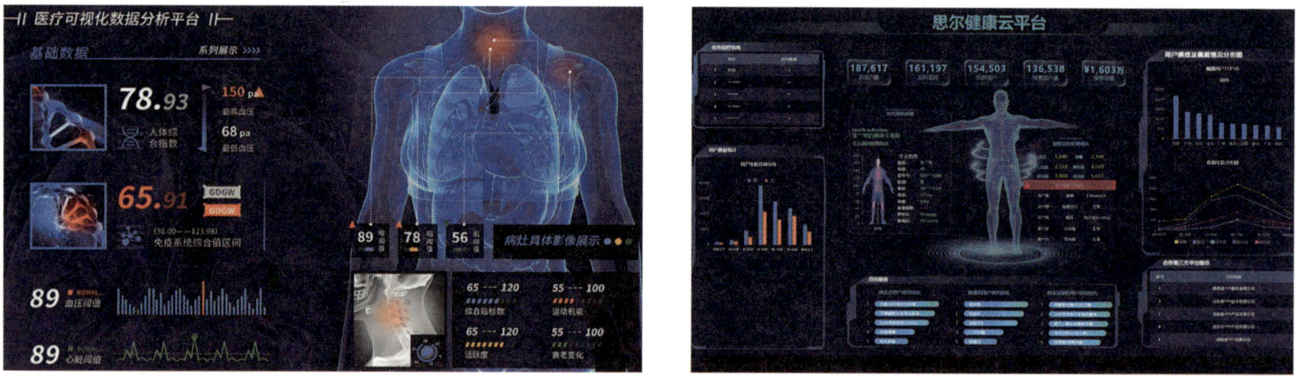

图 7-30 数据分析平台

此外，加密技术的使用增强了数据传输的安全性，保护敏感信息不被未授权访问或泄露。构建一个综合的应急通信策略体系，通过有效整合通信资源和新技术，能够提高紧急救援的响应速度和整体效率。

（二）远程监控系统功能

1. 现场运行数据实时采集

远程监控系统的核心功能之一是现场运行数据的实时采集。这一功能确保了系统能够不间断地接收并记录监控对象的各项参数，为救援和管理工作提供即时信息。

为了实现数据的实时采集，系统利用高效的传感器和网络技术，确保即使在复杂多变的环境中，也能准确捕捉到监控现场的动态。这些传感器能够持续监测关键指标，如温度、湿度、振动等，并将数据实时传输至监控中心（见图 7-29）。

同时，系统设计考虑到了数据传输的稳定性，采用了多种加密和稳定传输技术，保障数据在传输过程中不被篡改或丢失。一旦发生网络中断，系统还具备快速恢复能力，确保数据传输的连续性。

2. 快速集中监控数据

远程监控系统中的快速集中监控数据功能是确保及时发现并响应紧急情况的关键。这一功能要求系统能够高效地从安装在家中的各类传感器、智能摄像头等设备中收集并集中处理数据。无论是监测老年人的日常活动模式、健康状况的变化，还是识别异常行为，数据采集的实时性和准确性都是至关重要的。

为了保证数据采集的连续性与及时性，系统需要强大的后台支持，能够在各种网络条件下稳定运行。无论是通过 Wi-Fi、蜂窝网络还是蓝牙技术，数据都必须能够无延迟地传输至中央服务器或云端平台。这种实时性确保了任何潜在风险都能够被及时发现，并在必要时迅速采取行动。

数据采集过程应尽可能减少对用户日常生活的影响。系统的设计需要考虑到最小化电力消耗，延长传感器和设备的使用寿命，同时确保设备的安装不会对老年人的生活造成干扰。利用先进的数据分析技术和算法，通过大数据分析和机器学习方法，系统不仅能识别出异常情况，还可以预测未来的风险趋势。这种预测性分析有助于用户提前采取预防措施，减少紧急事件的发生概率。

远程监控系统的快速集中监控数据功能能够有效提升老年人的安全保障水平，确保他们在需要帮助时能够得到及时的响应。这种功能不仅提高了老年人的生活质量，还为其健康和安全提供了坚实的技术支持（见图 7-30）。

图 7-31　智能手机远程监控

图 7-32　老人定位手表跌倒报警

3. 多终端访问和智能分析

远程监控系统支持多终端访问，这意味着用户可以通过不同的设备，如智能手机、平板电脑或个人电脑，随时随地查看监控数据。这极大地提高了系统的可用性，无论是在家中、办公室还是旅途中，用户都能保持对监控情况的掌控。

系统利用先进的数据处理和机器学习技术，能够对收集到的大量数据进行深入分析。这不仅包括实时数据分析，还涉及对历史数据的趋势分析，从而发现潜在问题并提出相应的解决策略。智能分析功能能够提高监控系统的效率，减少误报，并确保只在真正需要时才向用户发出警报。

通过智能分析，系统能够识别异常模式，并在必要时自动调整监控参数或采取预防措施。例如，在智能养老领域，系统可以监测到老年人的活动减少或生活习惯的突然改变，并及时通知护理人员或家属，以便他们能

够迅速采取行动。系统还能够根据用户的特定需求进行定制，提供个性化的监控解决方案。用户可以根据自己的偏好设置警报阈值，选择需要特别关注的数据类型，以及接收警报和报告的方式。

（三）远程监控与紧急救援系统的应用

远程监控与紧急救援系统通过集成现代信息技术，为老年人提供了一个安全、便捷的生活环境。这类系统能够实时监控老年人的健康状况和活动情况，通过智能设备如手表、传感器等收集数据，并通过数据分析预测潜在问题并提出相应的解决策略。

在紧急情况下，系统可以通过一键呼救按钮或自动触发机制迅速响应，将求救信息发送至预设的紧急联系人或服务中心。这使得救援人员能够及时了解老年人的状况，并采取相应的救援措施。远程监控系统还支持多终端访问，无论是家属、护理人员

还是医疗服务提供者，都可以通过智能手机、平板电脑或电脑等设备实时查看老年人的状态，从而提高了监控的灵活性和便捷性（见图 7- 31）。

1. 定位与行为分析

实时定位功能确保系统能够在紧急情况下迅速确定老年人的具体位置。全球定位系统（GPS）、蜂窝网络和 Wi-Fi 定位等技术能够提供精确的位置信息，帮助救援人员快速找到呼救者。系统还应具备持续追踪的能力，在动态环境中不间断地更新位置信息，即使用户移动，也能实时更新其位置。（见图 7-32）

行为分析则依赖于大数据分析和机器学习技术，通过对收集到的数据进行智能处理，系统能够识别出异常行为模式，并预测未来的风险趋势。例如，通过分析老年人的日常活动规律和健康指标，系统可以识别出可能导致健康恶化的早期迹象，并及时通知监护人员或自动触发警报。这种预

视频监控与紧急报警

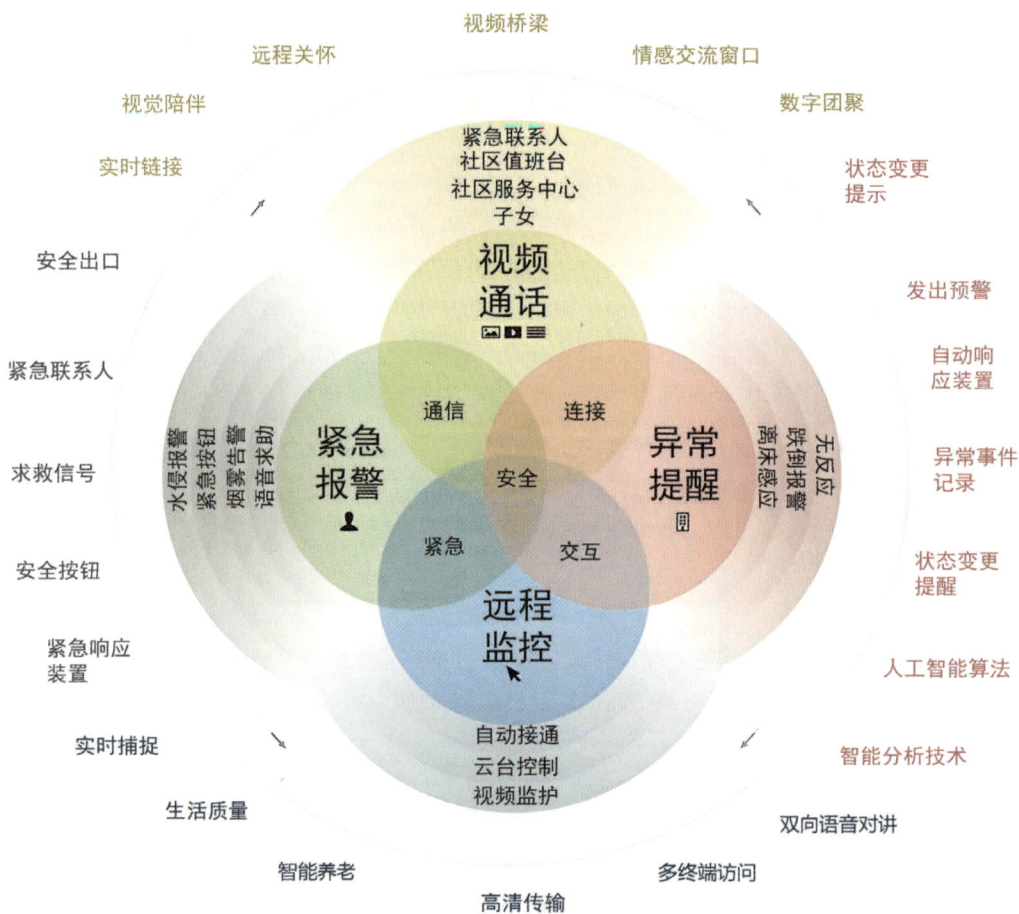

视频桥梁

远程关怀　　　　　　　　　　情感交流窗口

视觉陪伴　　　　　　　　　　　　　　　数字团聚

实时链接　　　　紧急联系人　　　　　状态变更
　　　　　　　　社区值班台　　　　　　提示
　　　　　　　　社区服务中心
安全出口　　　　子女　　　　　　　　　发出预警

　　　　　　　　视频　　　　　　　　　自动响
紧急联系人　　　通话　　　　　　　　　应装置

　　　　　　水　紧　烟　语　通信　连接　　　异常事件
求救信号　　侵　急　雾　音　　　　　　无反应　记录
　　　　　　报　按　告　求　紧急　异常　跌倒报警
　　　　　　警　钮　警　助　报警　提醒　离床感应
安全按钮　　　　　安全　　　　　　　　状态变更
　　　　　　　　紧急　　　　　　　　　提醒
紧急响应　　　　紧急　　交互　　　　　人工智能算法
装置　　　　　　　　远程
　　　　　　　　　　监控
实时捕捉　　　　　　　　　　　　　　　智能分析技术

生活质量　　　自动接通　　　　　　　双向语音对讲
　　　　　　　云台控制
智能养老　　　视频监护　　　　　　多终端访问

高清传输

图 7-33 视频监控与紧急报警

120

测性分析有助于用户提前采取预防措施，减少紧急事件的发生概率。

为了确保这些功能的有效运作，系统设计时需要考虑到数据传输的可靠性和实时性，确保信息能够在各种网络条件下无延迟地传送到中央服务器或云端平台。

2. 视频监控与紧急报警

智能养老的远程监控系统在视频监控与紧急报警方面的应用，正逐步成为提升老年人生活质量和安全性的关键手段。通过在养老院或老年人住所的关键区域安装视频监控设备，系统能够实时捕捉现场画面并将其传输至监控中心，使护理人员或家属能够远程查看老年人的活动和状态。

视频监控系统通常具备高清传输能力，支持多终端访问，无论是通过电脑、手机还是平板，用户都可实时查看监控画面。系统还能够实现云台控制和双向语音对讲，使得远程用户能够与现场人员进行沟通，并在必要时进行干预。此外，视频监控系统能够与智能分析技术相结合，利用人工智能算法对监控画面进行分析，识别异常行为或潜在风险，如老人跌倒或不寻常的活动模式，从而及时触发报警机制。

紧急报警功能则通过预设的紧急按钮或自动触发机制实现，一旦发生紧急情况，系统会立即通知护理人员或紧急联系人。紧急报警系统还可能与智能穿戴设备相结合，如智能手表或健康监测带，这些设备能够在老年人感到不适或遇到危险时，自动发送求助信号。（见图 7-33、图 7-34）

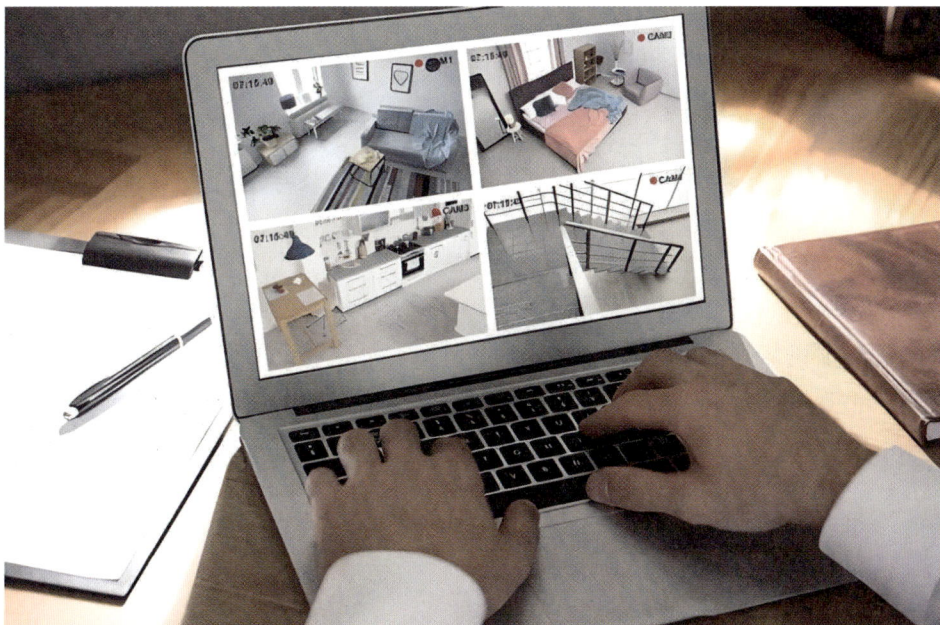

图 7-34 数据传输实时性

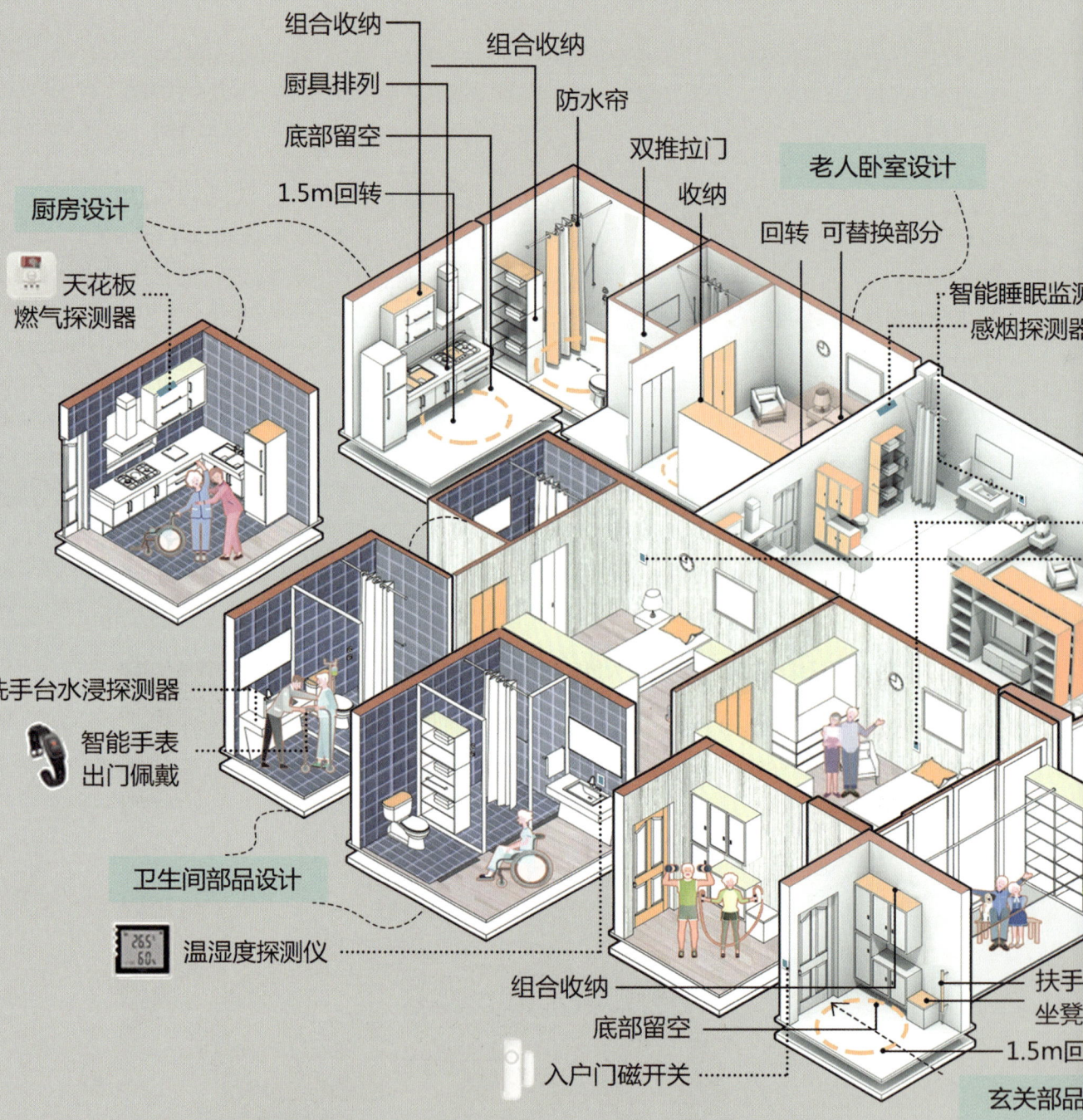

组合收纳

组合收纳

厨具排列

防水帘

底部留空

双推拉门

1.5m回转

收纳

厨房设计

回转 可替换部分

老人卧室设计

天花板
燃气探测器

智能睡眠监测

感烟探测器

洗手台水浸探测器

智能手表
出门佩戴

卫生间部品设计

温湿度探测仪

组合收纳

扶手

坐凳

底部留空

1.5m回

入户门磁开关

玄关部品

第八章

适老化服务系统的评估与迭代

- 用户体验测试方法
- 可用性评估标准与指标
- 用户反馈收集与分析
- 系统迭代与优化策略

纳体系设计

人体红外探测器

床头紧急按钮
智能跌倒探测仪

伸缩晾晒

组合收纳

阳台紧急按钮

种植模块

1.5m回转

阳台设计

可用性测试流程图
AGING SERVICE SYSTEM

步骤
- 步骤点
- 开始/结束点

覆盖产品或系统的各项功能和特性
确保任务有一定难度和复杂性
全面测试用户的操作能力和体验

精准定位用户群体
弄清任务内容是什么

根据测试数据，改进系统设计，
通过持续测试进行优化

可用性测试开始 → 确定测试目标和场景 → 选取测试参与者 → 制定测试任务 → 执行测试 → 数据分析与问题识别 → 改进与复测 → 可用性测试结束

招募目标用户群体

覆盖系统各项特性 · 确保任务的复杂性

根据任务要求操作系统 · 记录行为、反应和想法

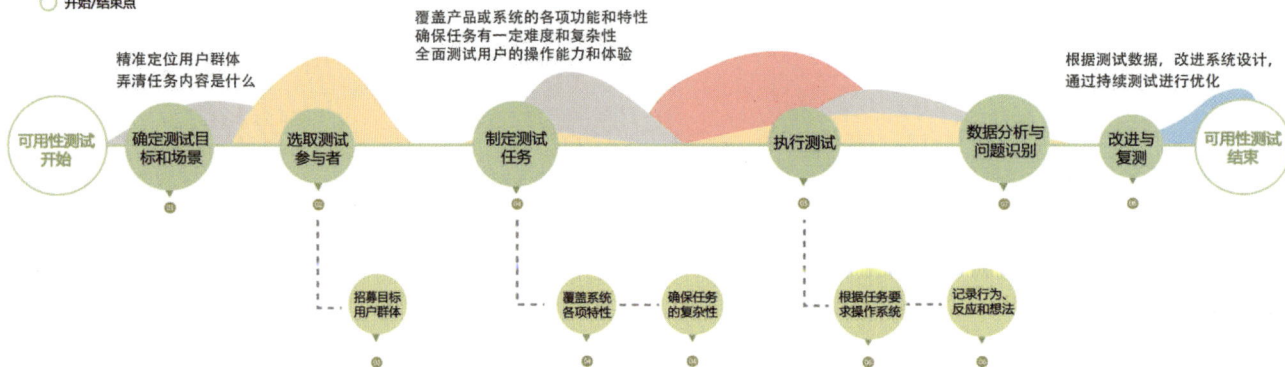

图 8-1 可用性测试流程图

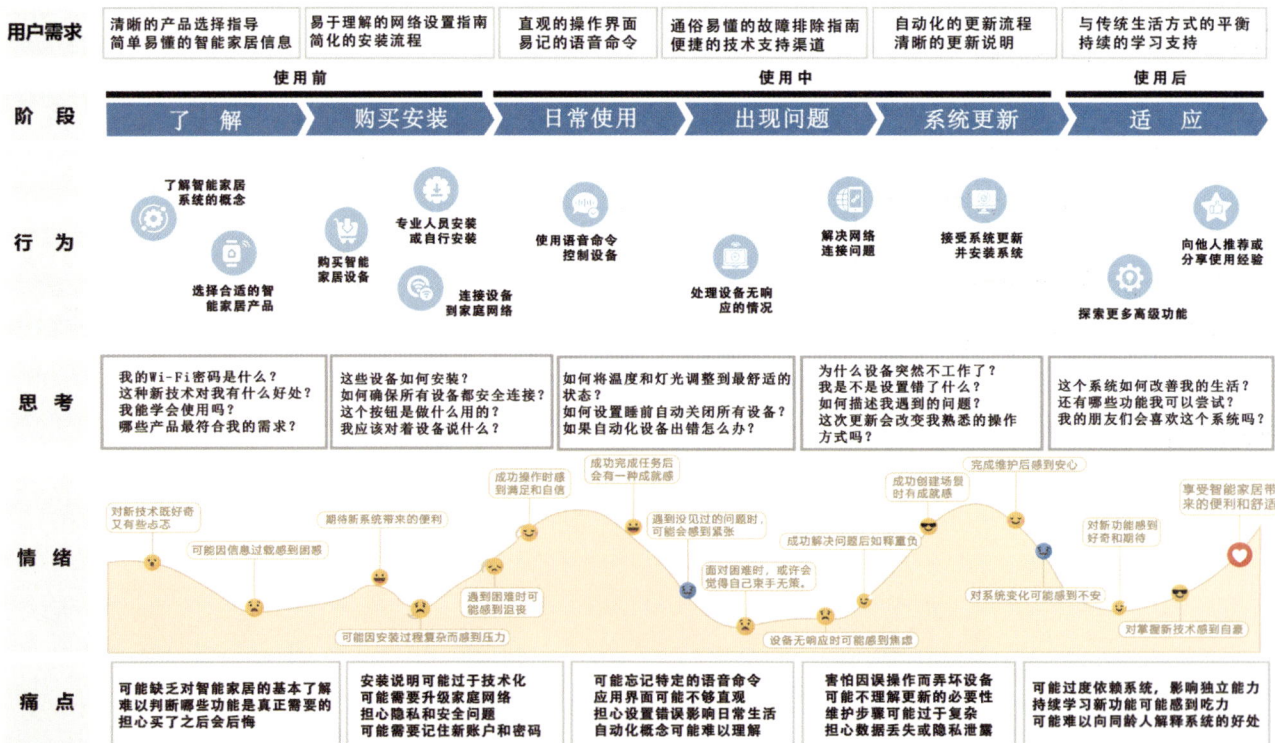

用户需求	清晰的产品选择指导 简单易懂的智能家居信息	易于理解的网络设置指南 简化的安装流程	直观的操作界面 易记的语音命令	通俗易懂的故障排除指南 便捷的技术支持渠道	自动化的更新流程 清晰的更新说明	与传统生活方式的平衡 持续的学习支持
	使用前		使用中			使用后
阶段	了解 ＞ 购买安装	＞ 日常使用	＞ 出现问题	＞ 系统更新	＞ 适应

行为
- 了解智能家居系统的概念
- 选择合适的智能家居产品
- 购买智能家居设备
- 专业人员安装或自行安装
- 连接设备到家庭网络
- 使用语音命令控制设备
- 处理设备无响应的情况
- 解决网络连接问题
- 接受系统更新并安装系统
- 探索更多高级功能
- 向他人推荐或分享使用经验

思考

我的Wi-Fi密码是什么？ 这种新技术对我有什么好处？ 我能学会使用吗？ 哪些产品最符合我的需求？	这些设备如何安装？ 如何确保所有设备都安全连接？ 这个按钮是做什么用的？ 我应该对着设备说什么？	如何将温度和灯光调整到最舒适的状态？ 如何设置睡前自动关闭所有设备？ 如果自动化设备出错怎么办？	为什么设备突然不工作了？ 我是不是设置错了什么？ 这次更新会改变我熟悉的操作方式吗？	这个系统如何改善我的生活？ 还有哪些功能我可以尝试？ 我的朋友们会喜欢这个系统吗？

情绪

对新技术既好奇又有些忐忑 · 可能因信息过载感到困惑 · 期待新系统带来的便利 · 遇到困难时可能感到沮丧 · 可能因安装过程复杂而感到压力 · 成功操作时感到满足和自信 · 成功完成任务后会有一种成就感 · 遇到没见过的问题时可能会感到紧张 · 面对困难时，或许会觉得自己束手无策。 · 设备无响应时可能感到焦虑 · 成功解决问题后如释重负 · 成功创建场景时有成就感 · 完成维护后感到安心 · 对系统变化可能感到不安 · 享受智能家居带来的便利和舒适 · 对新功能感到好奇和期待 · 对掌握新技术感到自豪

痛点

可能缺乏对智能家居的基本了解 难以判断哪些功能是真正需要的 担心买了之后会后悔	安装说明可能过于技术化 可能需要升级家庭网络 担心隐私和安全问题 可能需要记住新账户和密码	可能忘记特定的语音命令 应用界面可能不够直观 担心设置错误影响日常生活 自动化概念可能难以理解	害怕因误操作而弄坏设备 可能不理解更新的必要性 维护步骤可能过于复杂 担心数据丢失或隐私泄露	可能过度依赖系统，影响独立能力 持续学习新功能可能感到吃力 可能难以向同龄人解释系统的好处

图 8-2 任务分析示例图（以老年人使用智能家居为例）

一、用户体验测试方法

在适老化服务系统设计中，用户体验测试是关键环节之一，能使系统更符合老年用户习惯并提升用户满意度。随着设计从以制造为中心向以用户为中心转变，企业越来越多地招募老年用户进行问卷调查、可用性测试和焦点小组讨论，以确保设计更贴合老年用户需求。

（一）可用性测试

可用性测试通过观察老年用户的实际操作，能够直观发现设计中的问题与障碍，进而优化界面与功能，提升整体用户体验。该测试方式提供更为直接的反馈，有助于设计者深入理解用户行为，提升系统的易用性，减少老年用户的学习成本。可用性测试通常包括以下步骤，如图8-1所示。

①确定测试目标和场景：明确测试的目标和场景，例如测试的产品或系统是什么、用户群体是谁、任务内容是什么等。

②选取测试参与者：招募代表目标用户群体的测试参与者，确保测试结果具有代表性。

③制定测试任务：设计一系列具有代表性的任务，覆盖产品或系统的各项功能和特性，并确保任务有一定难度和复杂性，以便全面测试用户的操作能力和体验。

④执行测试：让参与者根据任务要求操作产品或系统，同时记录他们的行为、反应和想法。

⑤数据分析与问题识别：分析测试数据，识别参与者在过程中遇到的问题和瓶颈，同时收集他们的反馈和建议。

⑥改进与复测：根据测试结果改进产品或系统设计，并通过持续测试进行优化。

（二）情景测试

情景测试通过模拟老年用户的真实生活场景，捕获他们的情绪与行为反馈，以评估系统在不同情境下的适应性。这种方法有助于发现潜在的隐性问题，减少测试偏差，并提供丰富的定性数据，支持设计优化。情景测试不仅提升了系统的可用性，还增强了老年用户的满意度，使其在使用过程中获得更好的体验。

（三）任务分析

任务分析（见图8-2）通过模拟实际使用场景，精确识别系统问题并量化性能指标，揭示老年人独特的使用习惯。这为个性化设计奠定了基础，确保系统功能切实满足用户的需求。该方法有助于深入理解用户的行为和思维方式，提升他们的判断和沟通能力，鼓励老年人积极自主参与各类社会活动，从而增强其生活质量和增加社交互动。

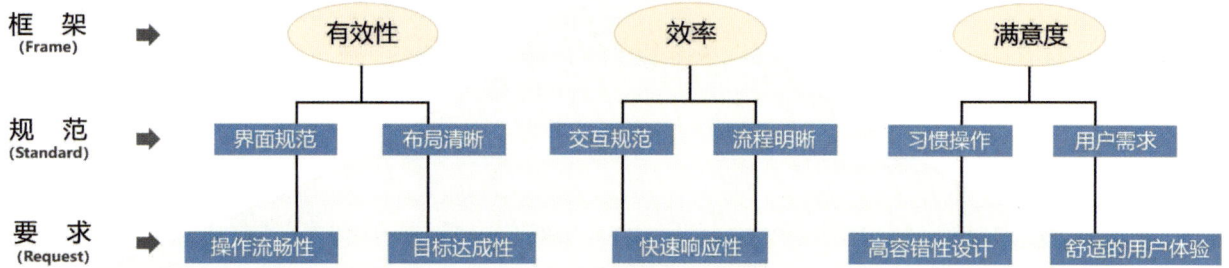

图 8-3 可用性评估标准模型

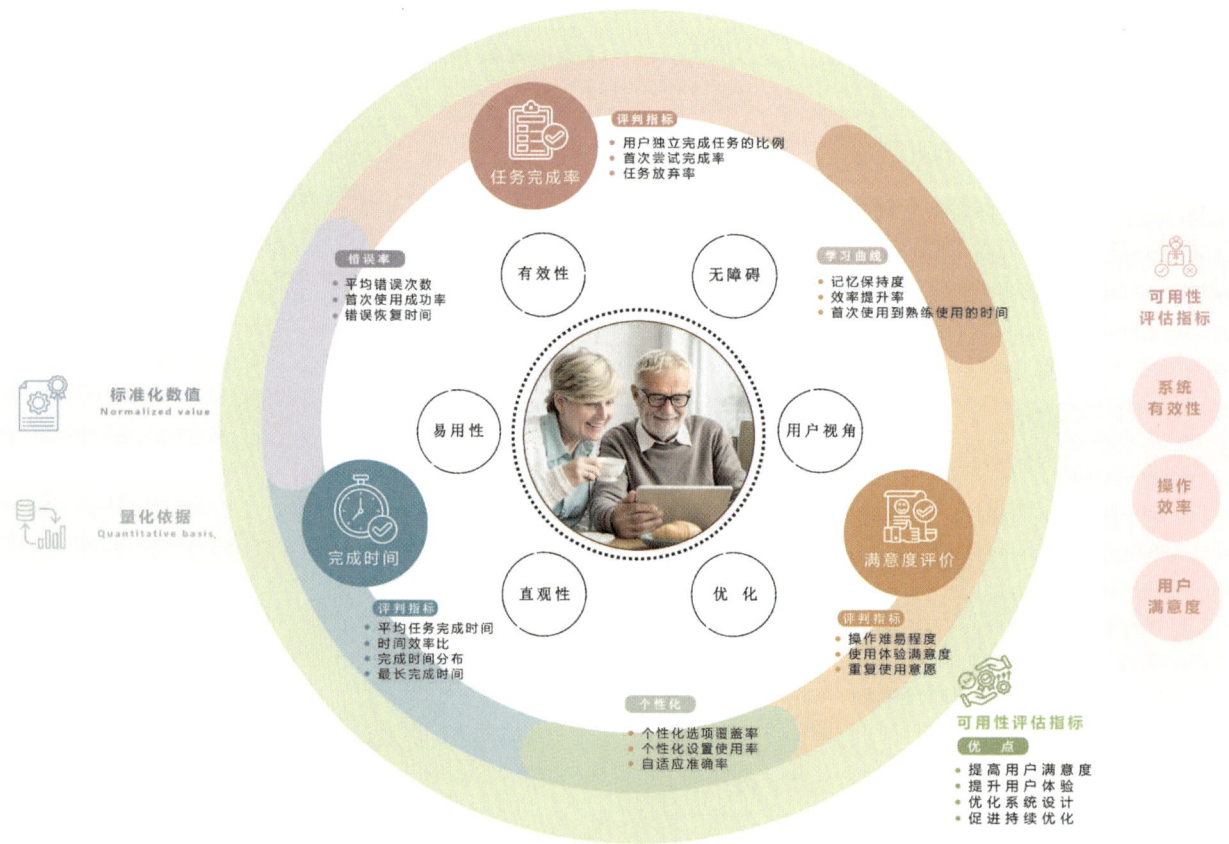

图 8-4 可用性评估指标框架图

二、可用性评估标准与指标

（一）可用性评估标准

在适老化服务系统设计中，可用性评估标准（见图 8-3）是确保系统满足老年用户需求和提升其使用体验的核心依据。基于 ISO 9241-11，可用性评估标准包括有效性（是否能顺利完成任务）、效率（完成任务消耗的时间和精力）、满意度（使用时的舒适感）

1. 框架

适老化服务系统的可用性评估框架通常基于有效性、效率和满意度这三大核心要素。有效性：要求系统能协助老年用户完成预定任务，确保任务结果准确可靠。效率：老年用户在完成任务时应耗费较少的时间和精力，并且能够简化他们的使用流程，减少不必要步骤。满意度：系统界面应简洁，操作简单，确保老年用户使用时感到舒适，不困惑、无压力。

2. 规范

适老化服务系统的设计规范应基于老年用户的需求确定，主要涵盖界面和交互两个方面。界面设计应采用辨识度高的字符、视觉引导的布局和高对比度颜色，以提升阅读及操作的便捷性。交互设计要求在降低用户认知负荷的前提下，减少操作的步骤和次数，并提供清晰的反馈，

3. 要求

适老化服务系统旨在提供可靠且舒适的用户体验。考虑到老年用户在信息处理方面速度不及从前，系统应具备快速响应能力，以确保操作后的及时反馈。高容错性设计让老年用户能够轻松纠正操作错误，减少操作的复杂性；学习曲线应平缓，提供简明直观的说明和循序渐进的教程，便于老年用户迅速掌握使用方法。

（二）可用性评估指标

可用性评估指标（见图 8-4）是一系列用于描述系统可用性特征并量化其可用性水平的标准化数值，能将适老化服务系统中的可用性问题转化为具体的数据，例如系统的有效性、操作效率及老年用户的满意度等。这些量化依据为评估适老化服务系统的使用体验提供实证支持。

1. 任务完成率

任务完成率是衡量系统有效性的重要测试标准，而"有多少用户能够独立完成任务"则是评估中的关键性能指标之一，体现了用户在操作过程中能否正确无误地完成指定任务的比例。

2. 任务完成时间

任务完成时间是评估系统效率的关键测试标准。为确保评估的准确性，通常会为每项任务设定时间限制，若用户未能在规定时间内完成，则视为任务未完成。除此之外，为了更加全面地评价系统运行的操作效率，有时还需记录操作步骤数等数据。

3. 满意度评价

满意度评价是衡量用户满意度的测试标准之一，其结果较为主观。通常在任务完成后，向用户提出关于"操作难易程度""使用体验满意度""是否有再次使用意愿"等问题，并给出 5 到 10 个级别的评分，以便对其评价进行量化。

图 8- 5 问卷调查示例图（以老人入住后感受为例）

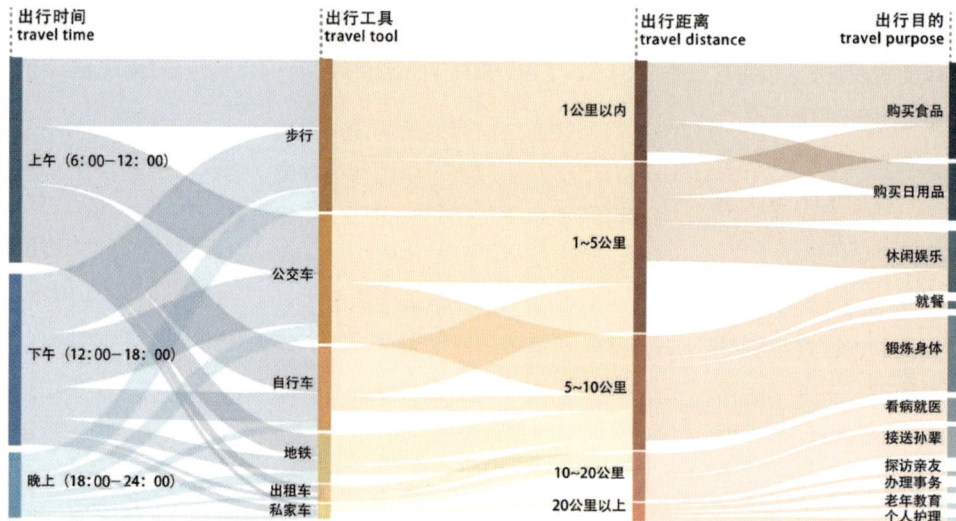

图 8-6 行为数据分析示例图（以老年人出行为例）

三、用户反馈收集与分析

（一）收集用户反馈

通过多种方式全面了解老年用户的需求和使用体验，常见的方法包括问卷调查、深度访谈和焦点小组讨论等。收集用户反馈可帮助设计者识别系统问题，优化界面、交互和功能，提升系统适用性和用户满意度，更好地满足老年用户需求。

1. 问卷调查

在适老化服务系统设计中，通过问卷调查（见图 8-5）能收集不同背景老年用户的反馈，帮助设计者发现使用中的共性问题。这种反馈收集方式成本较低、快速高效。匿名性使用户反馈的信息更真实，同时调查问卷的内容可以根据调查需要进行灵活的调整。

2. 深度访谈

通过访谈，可获取用户的使用体验、未来期望、改进建议、功能评价、使用挑战，以及老年用户特有顾虑等信息。这种方法可帮助设计者发现系统的潜在问题和用户的隐性需求，对系统的优化具有重要意义。

3. 焦点小组讨论

焦点小组讨论可促进用户之间的互动，激发更深入的讨论和新想法的产生。该方法可以同时收集多个用户的观点，节省时间和资源。在理解和使用系统方面，用户之间可以相互提供帮助，并对界面与功能的改进提出建议。作为一种高效的反馈方式，焦点小组讨论既能收集定性数据，又能验证量化结果。

（二）数据分析

在适老化服务系统的评估中，数据分析是关键步骤，包括对用户评分和反馈的分析，以了解用户满意度和需求。定量研究关注得分和指数的变化趋势，定性分析则探讨用户的具体观点和建议。通过结合这两种方法，设计者能识别系统问题并提出改进方案，从而提升老年用户的使用体验。

1. 定量分析

在适老化服务系统的设计中，通过定量分析对老年用户的评分和相关数据进行研究，以评估他们的使用体验。常用的指标包括净推荐值（NPS），用于衡量老年用户推荐该系统的意愿；以及客户满意度（CSAT），通过用户评分来评估整体使用体验。通过量化分析，设计者可以从宏观上对用户体验进行量化，从而对系统的改善效果进行客观评价。

2. 定性分析

定性分析侧重于用户的投诉和建议，设计者通过整理开放式反馈，将问题归类为界面设计、操作难度等类别，并识别常见痛点。定性分析可揭示老年用户普遍遇到的问题，如按钮过小或操作复杂等，便于设计者进行针对性改善。此外，定性分析能捕捉定量数据可能忽视的细节，比如一些特殊的功能难以运用，或者设计要素引起的情绪反应。

3. 行为数据分析

行为数据分析通过收集和分析用户在系统中的操作数据，从而掌握用户的行为习惯、行为模式以及存在的问题。在适老化服务系统设计中，行为数据分析（见图 8-6）能揭示老年用户的操作路径、错误频率和任务完成情况，发现系统设计中的不足，从而为优化系统提供有效支撑。

简化流程

具体措施包括简化操作流
程、增大字体和按钮、优
化色彩对比度等。

**全方面
无障碍设计**

引入定期用户测试、个
性化定制选项和智能辅
助功能，并注重无障碍
设计原则。

01 **02** **03** **04**

**多渠道
反馈机制**

包括问卷调查、访谈、焦点小
组讨论和系统内反馈功能。关
键是全面收集老年用户、家属
和护理人员的意见，以实现多
角度洞察。

**优化
界面设计**

重点关注操作难度、
界面友好度等问题，
优先改进高频使用但
满意度低的功能。

**数据分析
持续迭代**

通过持续迭代和数据分析，
不断提升系统易用性，最终
打造真正适合老年人需求的
服务系统。

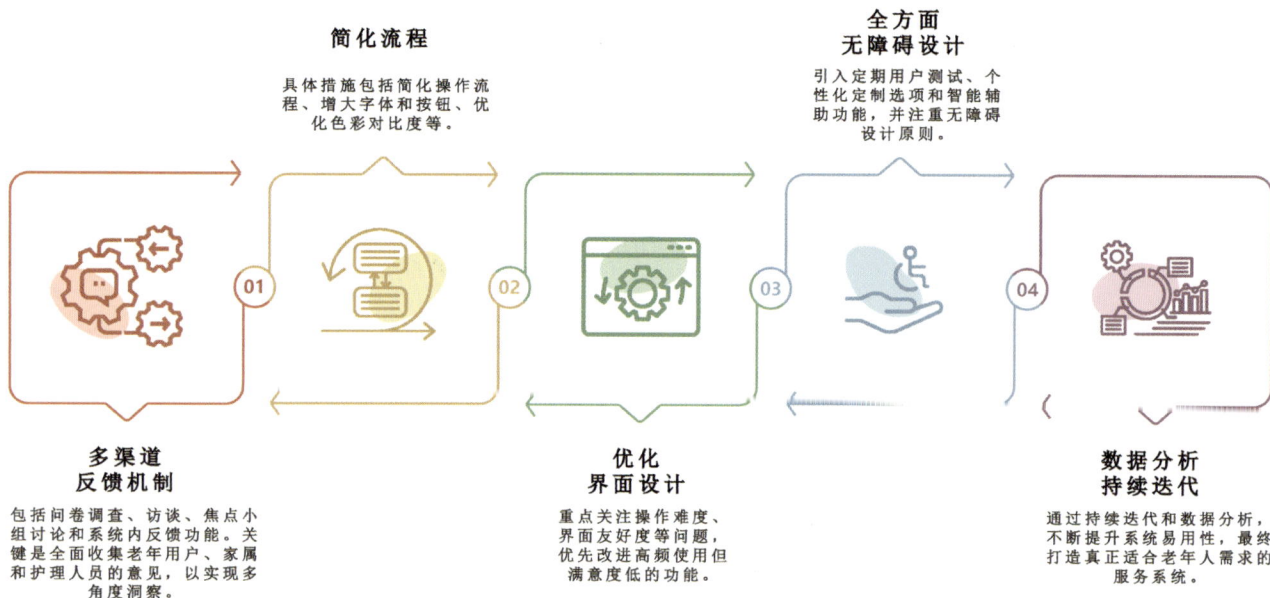

图 8-7 根据用户反馈迭代过程

持续迭代机制
Continuous iteration mechanism

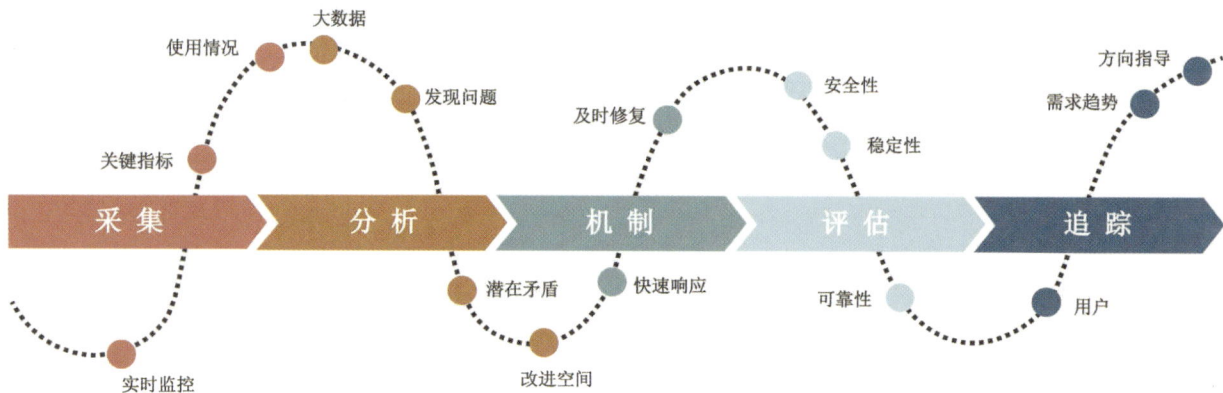

使用情况　大数据　发现问题　及时修复　安全性　方向指导　需求趋势

关键指标

采集　分析　机制　评估　追踪

实时监控　潜在矛盾　改进空间　快速响应　可靠性　用户　稳定性

图 8-8 持续迭代机制

四、系统迭代与优化策略

适老化服务系统的迭代优化应以用户为中心，基于用户反馈和需求分析，聚焦形式和内容要素的双重提升。这一策略不仅能提高用户满意度、拓展受众群体，还能降低使用门槛、推动数字普惠。通过持续优化，系统将更好地满足老年群体的多样化需求。

（一）系统迭代

1. 以用户反馈为核心

适老化服务系统迭代应以用户反馈为核心，根据用户需求的权重对系统性能进行排序，并以此作为迭代设计的驱动因素。可建立多渠道反馈机制，全面收集老年用户、家属和护理人员的意见；重点关注操作难度和界面友好度，优先改进高频使用但满意度低的功能，具体措施包括简化流程、优化界面设计和引入智能辅助。通过持续迭代和数据分析，不断提升系统易用性，满足老年人实际需求。这一迭代过程（见图 8-7）需要耐心，但对提高老年用户生活质量至关重要。

2. 个性化与适应性

适老化服务系统应以满足老年用户个体需求为目标，通过持续迭代增强个性化和适应性功能。可引入智能算法，根据用户习惯和健康状况自动调整界面和交互方式，如针对视力、听力和手部灵活性的不同状况进行相应调整。系统应记住用户偏好，避免重复设定，并在每次更新中增加新的个性化选项，如界面定制和快捷方式设置，以确保系统更好地适应老年用户的需求。

3. 持续改进和实时监控机制

建立持续改进和实时监控机制，具体如下：部署数据采集系统，监控关键使用指标，通过数据分析及时发现问题和改进空间；建立快速响应机制，通过小规模更新及时修复问题；定期评估系统安全性和稳定性；对用户需求进行追踪研究，为未来系统迭代提供方向指导。这种方式（见图 8-8）可确保系统始终保持最佳状态，满足老年用户不断变化的需求。

（二）优化策略

1. 形式要素优化

在适老化服务系统的优化设计中，布局、色彩和照明的合理设置至关重要。优化布局可以提升老年人的行动便利性与安全性。采用易辨识的色彩可以增强视觉清晰度，帮助老年用户更好地识别环境。适宜的照明设计不仅能确保空间舒适性，还能提高安全性。

（1）布局规划。

适老化布局应注重老年人的便利和安全，核心策略包括：简化空间流线，保证各功能区域之间的联系流畅，尽量避开复杂的动线与障碍；加强路径连通性，提高空间流动性；采用无障碍设计，消除地面高差，方便轮椅和助行器通行；对各功能分区进行合理布局，将公共空间集中，减少楼梯占用面积；在关键区域加装扶手、调节高度、设置储存空间等，使生活更加便捷和安全。

（2）色彩运用。

老年人的视力和色彩辨识能力下降，尤其难以区分绿色、蓝色等相近色。因此，在进行色彩设计时需注意控制饱和度以减少视觉疲劳，调整明度对比以提升视觉舒适度，巧用色相组合以增强功能识别度。设计者通过精心设计的色彩方案来满足老年人的

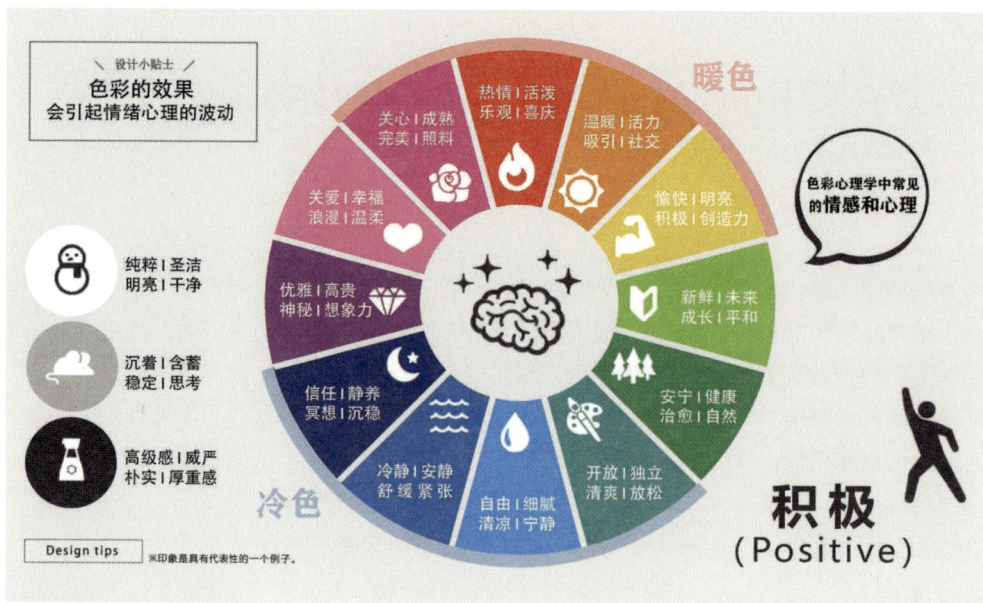

图 8-9 色彩心理学中常见的情感和心理

场 所	一般照明标准值	辅助照明标准值 （阅读、洗脸、床头）	照度均匀度(UO)
卧室	150lx	300lx*	0.60
餐厅	300lx	500lx*	0.70
卫生间	200lx	300lx*	0.50
活动室	500lx	500lx	0.70
浴室	200lx	200lx	0.60
走廊	100lx	100lx	0.50

注：*代表混合照明照度；阅读所需照度与字体大小有关，此处选择的是中等大小字体对应的数值。

图 8-10 常见适老化场景照明标准值

需求，并利用色彩心理学（见图 8-9）提升老年人的心理舒适感，营造适宜老年人的空间氛围。

（3）照明设计。

老年人对光线的需求较高，尤其是在辨识低反差物体时。因此，建筑内部应根据区域和时段提高照度，扩大开窗面积以充分利用自然光，必要时辅以人工照明。应避免使用单一过亮的照明以减少眩光，且要做好灯具的遮光处理。考虑到老年人眼睛对光线适应能力较弱，室内照明应注重亮度均匀性和光照柔和过渡，并选用高显色性光源。常见适老化场景照明标准值如图 8-10 所示。

2. 内容要素优化

在构建适老化服务系统时，针对内容要素的优化至关重要，以确保老年用户能够轻松地使用系统并从中获益。应从用户体验、操作流程和内容结构三个方面进行优化（见图 8-11）。

（1）用户体验。

用户体验的优化应聚焦于提升系统的可读性和易用性，具体措施包括放大字体、增强色彩对比度、简化界面布局和减少干扰元素。引入语音播报和控制功能以满足视听障碍老年人的需求，并使用通俗易懂的语言和图标，确保信息传达清晰，从而全面提升老年用户的使用体验。

（2）操作流程。

操作流程的优化应注重简化步骤、提高效率、精简冗余环节，并采用直观的交互设计。同时，增加放大和按键辅助功能，以便于老年用户操作。此外，引入记忆提醒功能，帮助老年人管理日常事务。针对老年人的操作习惯，提供个性化界面调整选项，以优化用户体验。

（3）内容结构。

在内容结构优化方面，应根据老年群体的生活习惯和需求进行合理规划。分类整理内容，突出常用功能和重要信息。提供清晰的导航和搜索功能，便于用户快速定位所需内容，并设置个性化推荐和收藏夹，方便用户重访常用内容。此外，定期更新适老化内容，以确保信息的时效性和针对性。

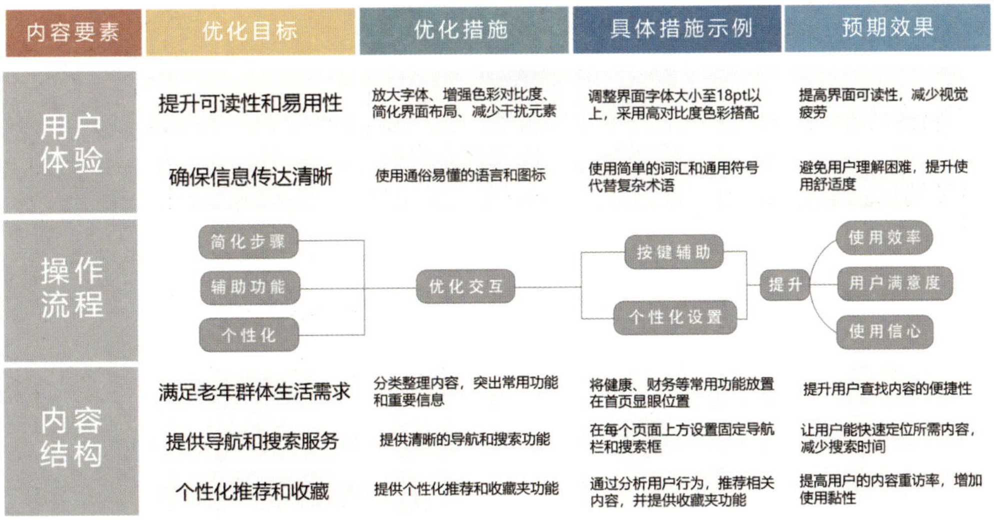

内容要素	优化目标	优化措施	具体措施示例	预期效果
用户体验	提升可读性和易用性	放大字体、增强色彩对比度、简化界面布局、减少干扰元素	调整界面字体大小至18pt以上，采用高对比度色彩搭配	提高界面可读性，减少视觉疲劳
	确保信息传达清晰	使用通俗易懂的语言和图标	使用简单的词汇和通用符号代替复杂术语	避免用户理解困难，提升使用舒适度
操作流程	简化步骤 辅助功能 个性化 → 优化交互 → 按键辅助 个性化设置 → 提升 → 使用效率 用户满意度 使用信心			
内容结构	满足老年群体生活需求	分类整理内容，突出常用功能和重要信息	将健康、财务等常用功能放置在首页显眼位置	提升用户查找内容的便捷性
	提供导航和搜索服务	提供清晰的导航和搜索功能	在每个页面上方设置固定导航栏和搜索框	让用户快速定位所需内容，减少搜索时间
	个性化推荐和收藏	提供个性化推荐和收藏夹功能	通过分析用户行为，推荐相关内容，并提供收藏夹功能	提高用户的内容重访率，增加使用黏性

图 8-11 内容要素优化结构表

厨房设计

组合收纳

厨具排列

底部留空

1.5m回转

组合收纳

防水帘

双推拉门

收纳

回转　可替换部分

老人卧室设计

天花板
燃气探测器

智能睡眠监测
感烟探测器

洗手台水浸探测器

智能手表
出门佩戴

卫生间部品设计

温湿度探测仪

组合收纳

底部留空

入户门磁开关

扶手

坐凳

1.5m回转

玄关部品设

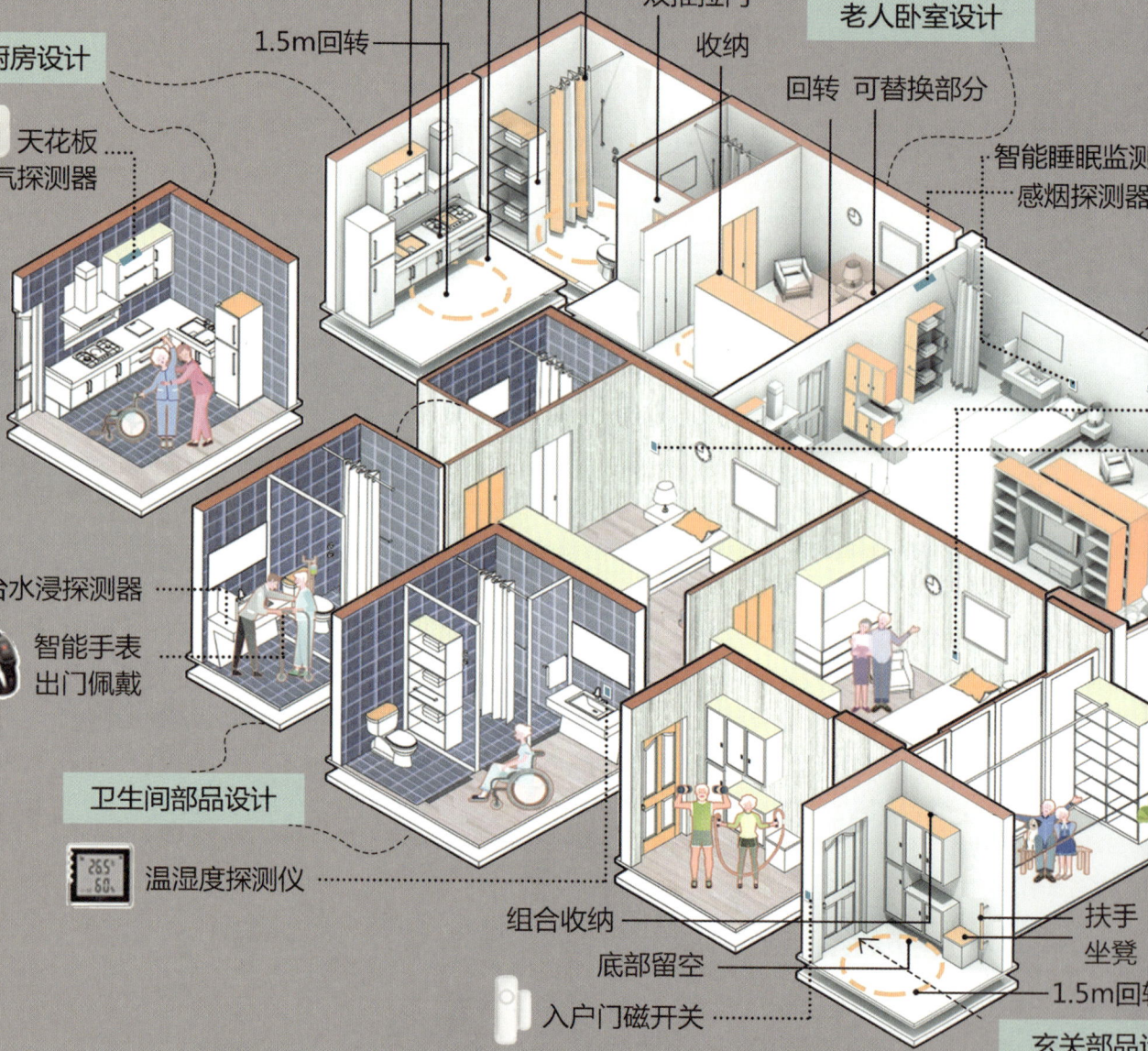

第九章

案例研究与未来展望

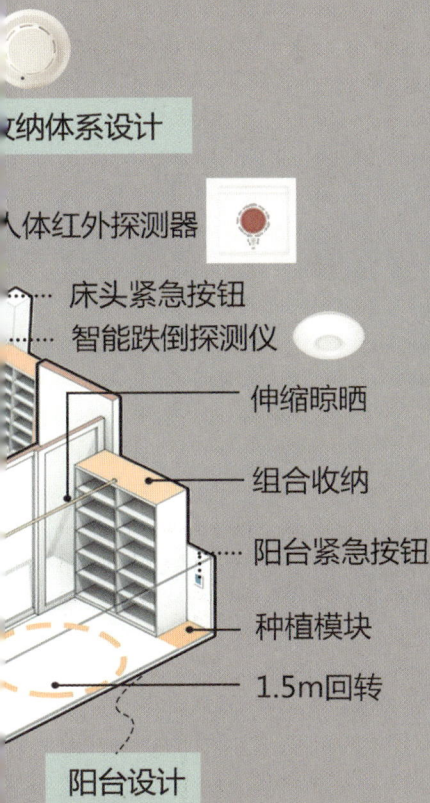

纳体系设计

人体红外探测器

····· 床头紧急按钮
····· 智能跌倒探测仪

—— 伸缩晾晒

—— 组合收纳

—— 阳台紧急按钮

—— 种植模块

—— 1.5m回转

阳台设计

图 9-1 房山随园养老中心鸟瞰图

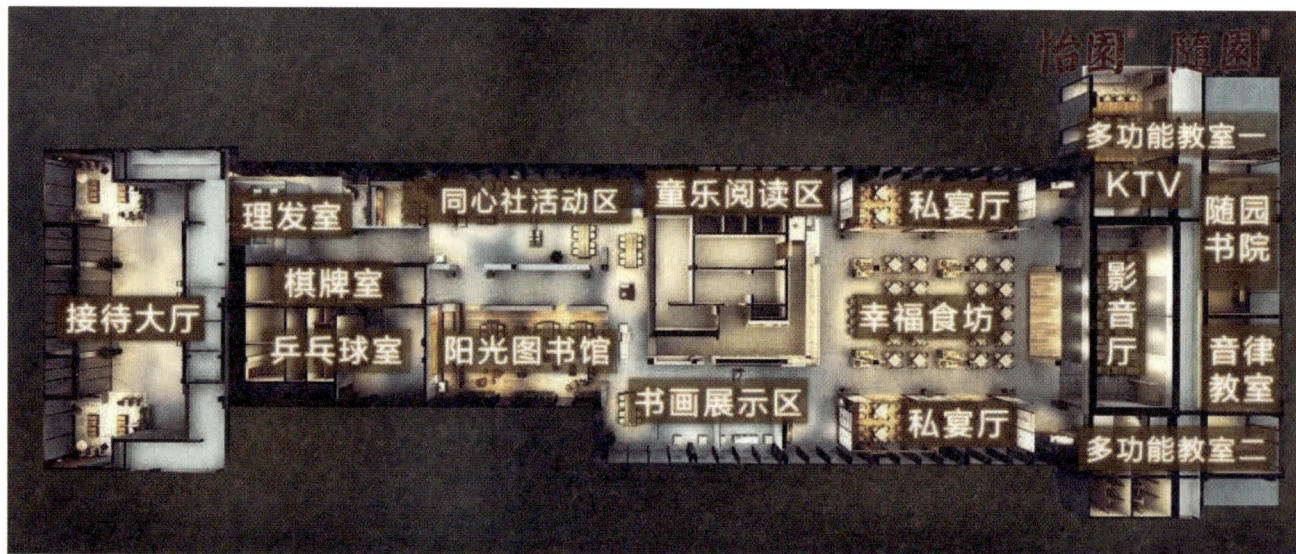

图 9-2 房山随园养老中心平面布局图

一、成功案例分享：
国内外适老化服务系统设计实践

近年来，适老化服务系统设计已成为提升老年人生活质量、促进社会和谐发展的重要议题。本章将通过对国内外若干典型案例的分享，探讨适老化服务系统在老年人日常生活中的多维度应用模式，以期为未来的适老化服务系统设计实践提供参考。

（一）国内适老化服务系统设计实践

1. 北京房山随园养老中心

北京房山随园养老中心作为万科集团在北京的首个公建民营 CCRC（持续照料退休社区）示范项目，致力于为老年人提供全方位的生活照顾服务，涵盖自理、介护及介助等多个层面。这一设计让老年人在身体状况或自理能力发生变化时，依然能够安心地居住在他们所熟悉的环境中，享受舒适与便利。

北京房山随园养老中心（下文简称随园）内精心规划了七栋楼房（见图 9-1），实行分区管理，目前提供 475 套房间、770 张床位。此外，随园还打造了近四千平方米的公共区域，设置了阅读视听、棋牌运动、书画音律、舞蹈瑜伽、茶饮水吧、休闲会客、阳光私宴等 20 余种功能空间（见图 9-2、图 9-3）。在内部园林的营造上，随园的设计充分利用了天然资源，将随园融入公园之中，并规划了健步园、悦舞园、康养园和益趣园四大功能景观空间。随园深入考虑了每位老年人的现实需求，通过调研近千位老年人的生活习惯，确定了 56 项适老化设计细节（见图 9-4），从

图 9-3 随园养老中心园区环境及公共娱乐空间

卫生间 / BATHROOM

- L形安全扶手
- 加置暖气片
- 防滑地砖
- 干湿分区
- 防跌倒
- 暖风系统
- 受热均匀
- 恒温龙头防烫伤
- 安装紧急呼叫铃
- 设置安全沐浴椅
- 防水防滑地面铺设材料
- 扳手式冲水开关

设施 / FACILITES

- 高阻尼推拉门
- 推拉式房间门
- 杠式门把手
- 窗户向内开
- 设置安全栏杆
- 沙发座椅软硬适老
- 护眼电视
- 大按键电话
- 遮光窗帘
- 配备助力扶手
- 全屋倒圆角

主楼进出口 / IMPORT AND EXPORT

- 设置坡道等无障碍设施
- 设置醒目的照明标识

装修 / RENOVATION

- PVC木饰面
- 无门槛设计
- 全屋地面零高差
- 无醛装修设计
- A0级环保用材
- 无醛室内环境
- 耐磨地胶
- 断桥铝外窗

智能化 / INTELLIGENCE

- 随处可见紧急呼叫装置
- 智能手环
- 24小时管家轮值
- 24小时医护响应
- 三种入户方式/智能便捷

色彩 / COLOR

- 温馨主色调
- 顶部白色调
- 墙壁乳白色调

照明 / LIGHTING

- 全屋照明一键开关
- 地脚夜灯
- 玄关感应灯
- 床头夜读灯
- 1~1.5倍照明设计
- 大按键设置

衣帽间 / CLOAKROOM

- 步入式衣帽间
- 搁架设计
- 隔层多
- 高度可调节

卧室 / BEDROOM

- 床垫软硬适中，高弹性、透气性优
- 伸手可及紧急呼叫器
- 设置抽屉方便拿取
- 卧室进门处不设狭窄拐角
- 超强收纳系统

图 9-4 随园养老中心适老化设计细节

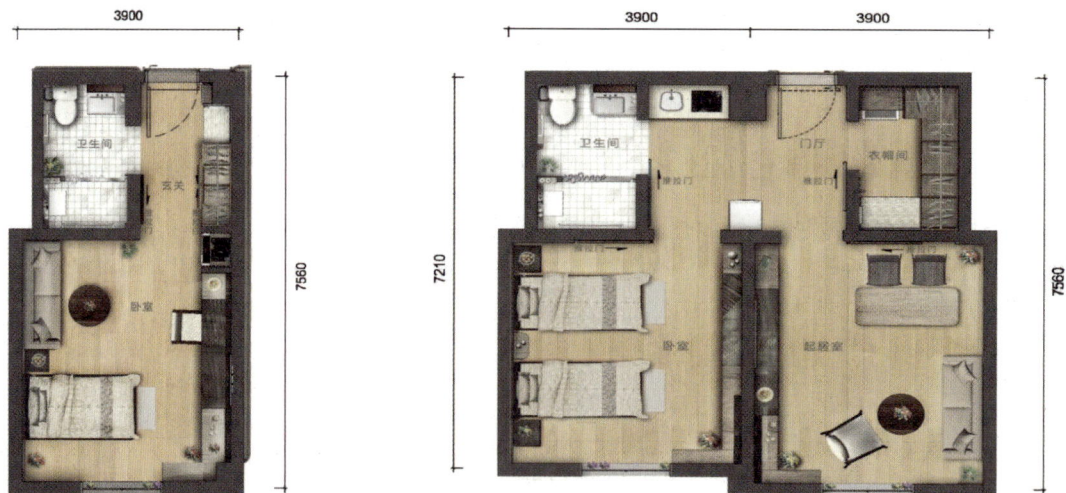

图 9-5 单人颐养雅居平面图及双人舒阔套房平面图

而打造了包括照明、隔音系统、收纳系统、家具系统、支撑系统、智能化系统等在内的健康安心住宅体系（见图9-5、图9-6）。

随园借助"幸福银行"和"V-Care"两大创新管理工具，积极推动邻里间的互动交流，旨在让每位入住的老人过上充满温情、尊严的晚年生活。万科借鉴了日本的养老模式，精心设计了"幸福银行"，老人们通过参与志愿者服务和公寓内举办的各类社团活动，可以在"幸福银行"账户中积累积分，并以此兑换相应的福利（见图9-7）。

V-Care是北京万科养老自主研发的全周期智慧化照护平台，它实现了养老服务的精细化管理，并为每位老人量身定制了个性化的医养结合照护计划（见图9-8）。V-Care涵盖八大类服务模块，共计165项服务，包括产品硬件服务、健康管理、护理、医疗、生活服务、餐饮、特色家政等。在V-Care智能平台上，护理人员的护理动作被规范化，并根据护理等级为每位老人定制照护计划，确保每日每个时段的护理活动都有详细记录。老人的亲属可以实时查看老人的健康状况和护理记录等数据，同时也能看到老人最新的活动照片和视频，及时掌握老人在随园的生活状态。对于随园的管理者而言，V-Care平台也使得对护理人员的工作考核成为可能。

V-Care的最新成果是构建了文娱体系。文娱管家通过后台数据分析老人们的活跃度，并据此制订一对一的照护计划。通过老人打卡和管家统计的方式，V-Care后台能够生成文娱板块的区域热力图和社团活动热力图，这些数据为课程安排和空间使用的优化提供了有力依据。

图9-6 居住空间偏新中式风格，家具家电一应俱全

图9-7 随园利用"幸福银行"鼓励老人参加社交活动

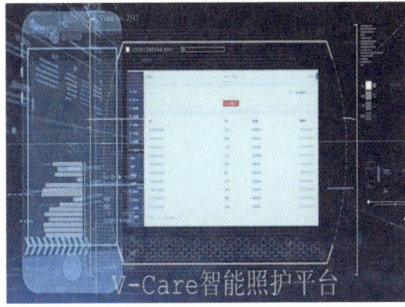

图9-8 万科V-Care智能照护平台

图 9-9 泰康之家·大清谷鸟瞰图

图 9-10 泰康之家·大清谷社区环境

图 9-11 大清谷社区公共娱乐空间

2. 杭州泰康之家·大清谷

杭州泰康之家·大清谷由日本著名建筑师隈研吾设计，坐落于风景如画的杭州西湖风景区内，地处西溪湿地与之江国家旅游度假区之间。这里茶田广布，溪流潺潺，群山环抱，植被葱郁，富含负氧离子，是一个自然环境优越的养生胜地。大清谷社区由7栋建筑组成（见图9-9），借鉴了美国 CCRC（持续照料退休社区）模式，设有独立生活公寓和护理公寓，是能够为大约350户居民提供独立生活的养老单元。社区建筑自南向北延伸，与山谷的自然形态和谐相融。社区内设有10处风格迥异的园林景观，每一步都是一幅风景画。此外，社区内的每栋建筑之间都配备了风雨连廊和地下通道，确保老人们能够无障碍地自由穿梭于社区之中（见图9-10、图9-11）。

大清谷社区采用"一个社区，一家医院"的运营模式以及"1+N"多学科照护模式，致力于为老人们构建一个全方位的健康保障体系（见图9-12），涵盖疾病预防、健康管理、急救以及康复等环节。社区内设有4个独立区域——独立生活区（见图9-13、图9-14）、协助生活区、专业护理区和记忆照护区，以适应不同健康状况老人的需求。每个区域都配备了相应的照护服务人员，确保为老人们提供全方位的关怀与支持。

在项目设计过程中，充分考虑了老人的身心健康特征。整个项目融入了多达数十项适老化设计元素，这些元素贯穿于整体环境、室内空间布局、色彩搭配、家具设置以及紧急救援设施等多个层面。具体适老化无障碍设计有大字体电话、防眩光照明、浴凳、安全扶手等，旨在为老人提供更为便捷的生活体验（见图9-15）。此外，社区各处都安装了报警拉绳，确保老人在紧急情况下能迅速通知管理人员，从而能够获得社区医院的及时救治（见图9-16）。

经过多年的积累与探索，大清谷社区成功利用泰康自主研发的智慧养老云平台，实现了对居民日常生活的全方位管理，包括衣、食、住、行等各个方面。该平台基于数字孪生的设计理念，由智慧护理、智慧安防、智

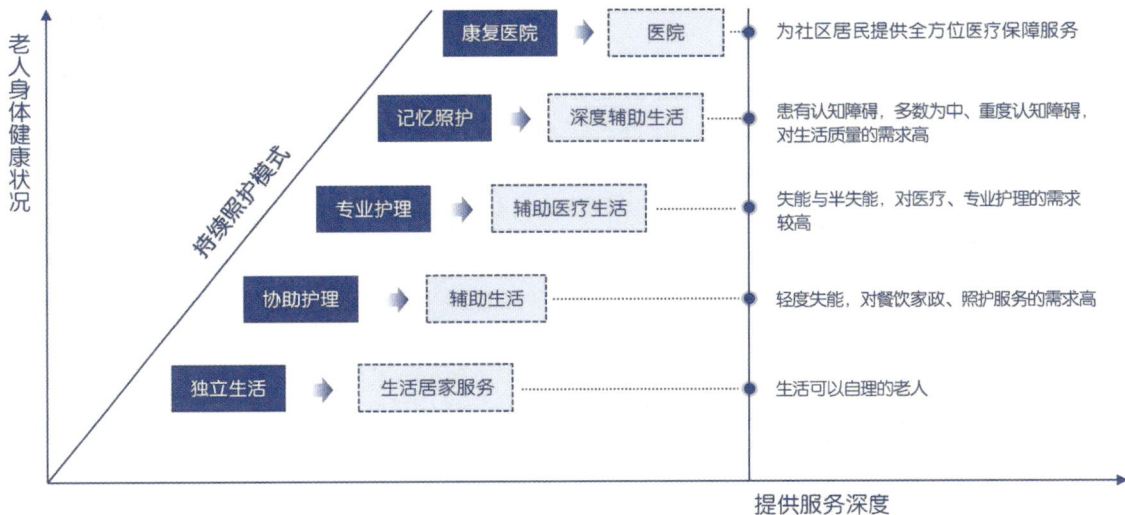

图 9-12 大清谷社区持续照护模式

图 9-13 独立生活区双人套间不同户型布局

图 9-14 针对生活能自理的居民设计的独立生活套间

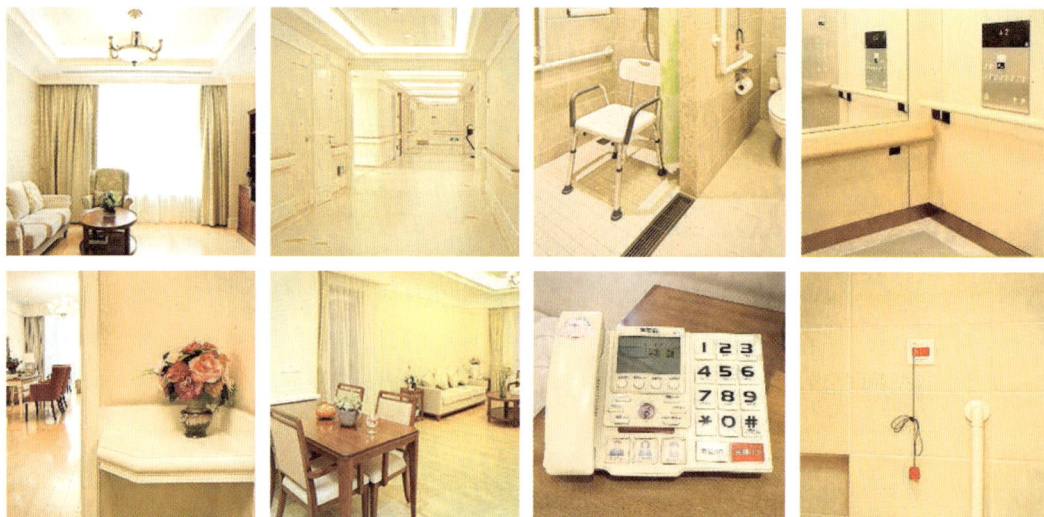

图 9-15 大清谷社区适老化无障碍设计

慧管家、智慧健康等多个子系统构成，具备感知、交互、思考三大核心功能，旨在满足居民对高品质生活的需求。

泰康之家大健康数字平台可为每位居民建立健康档案，方便一线医生、护士、管家全面掌握社区居民健康状况，帮助管家、社区医务室医生全面掌握人群健康分布状况（见图9-17）

目前，各园区均部署了跌倒报警器、安防摄像头、报警拉绳、定位报警卡、智能床垫、体征检测雷达等多种智慧科技设备，这些设备能够及时发出安全预警，全面保障社区居民的安全。

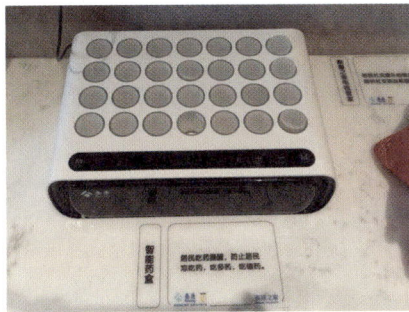

图 9-16 大清谷社区实时监测守护老年人健康

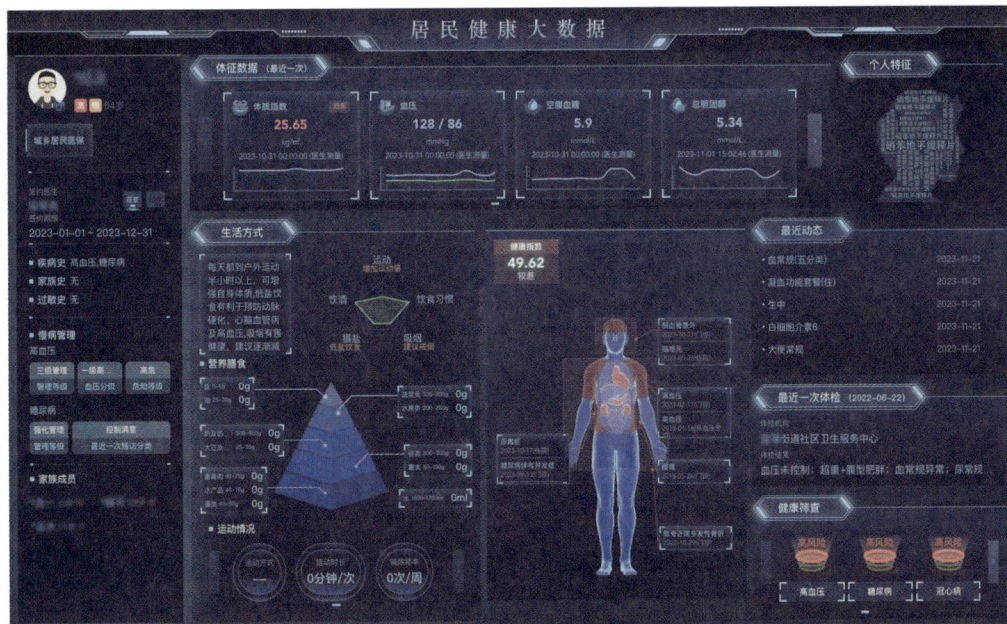

图 9-17 泰康之家大健康数字平台

图 9-18 问道颐养城鸟瞰图

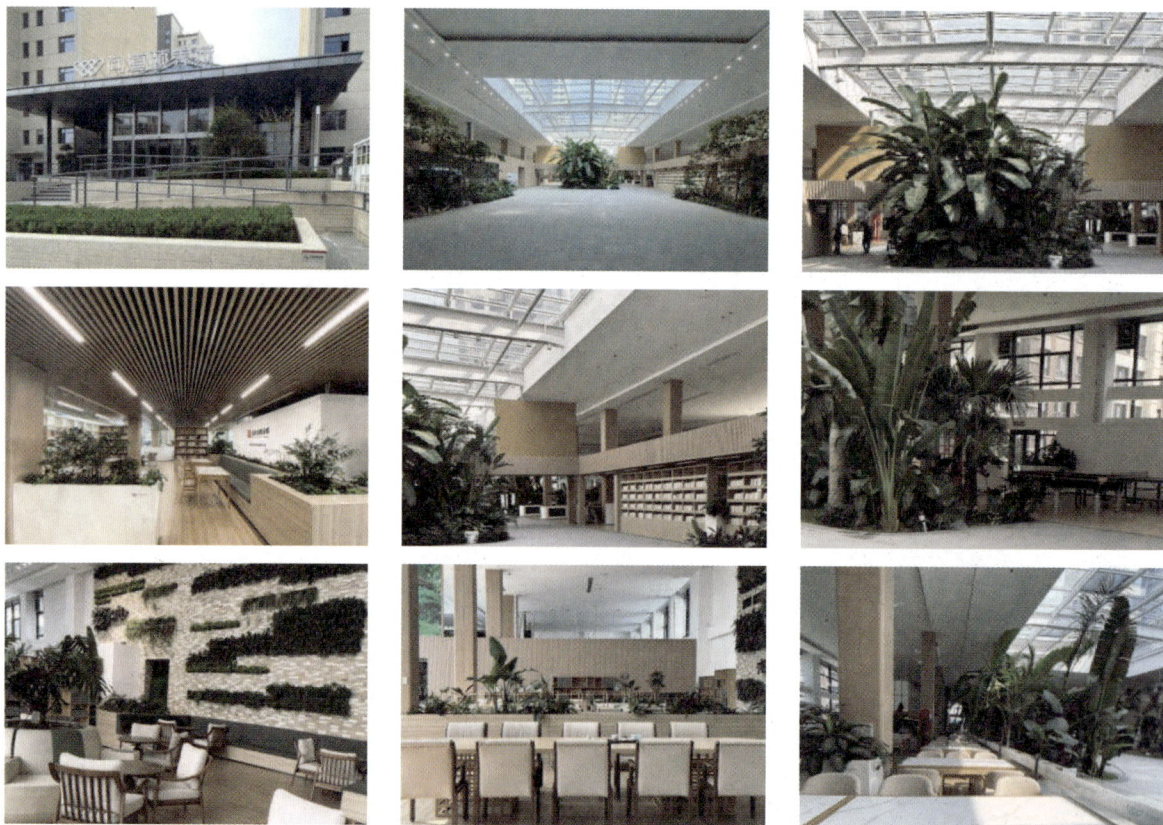

图 9-19 问道颐养城公共空间环境

3. 石家庄市问道颐养城

石家庄问道颐养城由河北问道养老服务集团精心打造，是一个集智慧与便捷于一体的居家养老社区。作为京津冀养老示范项目，该社区设计过程中深入研究了老年人的生活和精神需求，致力于提升他们的生活质量；通过颐乐系统、医养系统、城居系统三大核心系统，以及康复医院、运动场所、老年大学、智慧养老、膳食中心、景观花园等六大配套设施，为老年人们营造了一个美好的生活环境。社区规划包括 6 栋小高层住宅（见图9-18），总建筑面积约 10 万平方米，提供超过 2000 张养老床位。其公共空间环境如图9-19 所示。

问道颐养城精心打造的恒温花园式养老街区，开创了河北省花园养老的先河。该街区以"亚热带景观 + 恒温恒氧系统 + 十大功能空间"的综合养老配套为特色，整体采用钢架结构和高透光率玻璃构建，占地面积达3700 平方米，层高 6.5 米，与居住空间、社区医院形成闭环连接，有效保护老年人免受雾霾侵扰。恒温花园全年温度维持在 22 ~ 28 ℃，湿度保持在 40% ~ 60% 之间，营造出一个四季如春的环境。这里种植了近100 种来自亚热带和热带的数万棵绿植，四季常青，生机勃勃，为老年人提供了一个充满亚热带风情的宜人生活环境（见图9-20、图9-21）。此外，问道颐养城配备了营养膳食餐厅、西餐厅、文化大剧院、瑜伽区、舞蹈区、手工花艺区、阅读区、茶室以及羽毛球场和亚热带景观等十大功能区，旨在全方位满足老年人的生活需求。在这里，生命的长度和宽度得以延伸，每位老年人都能享受到高品质的养老生活。

问道颐养城积极开展智慧化转型与数字化服务的实践，为养老服务品质与效率的提升铺设了坚实的基石。该社区引入了智能睡眠监测带、一键式紧急呼叫器、智能一卡通系统、防跌倒监测雷达、久坐提醒装置、智能水表以及集成控制中心等高科技设备，确保用户在紧急情况下能迅速联系医疗团队进行救援，为老年居民构筑起一道安全防线。作为五级智慧养老标杆社区，问道颐养城全面部署了非接触式智能门禁系统，融合了人脸识别与指纹识别双重验证。社区内监控设施遍布，Wi-Fi 网络无缝覆盖，并配备了跌倒传感器与智能手环，提供精准的 GPS 定位服务。同时，社区还推出了全屋智能家居系统，利用物联网技术，智能门锁在解锁时即可自动激活预设场景，调整室内照明、窗帘等设施，为居民营造温馨舒适的居住环境（见图9-22 至 9-27）。

图9-20 约 3700 m² 的恒温花园式养老街区

图 9-21 问道颐养城养老院室内布局

图 9-22 温馨舒适的居住环境

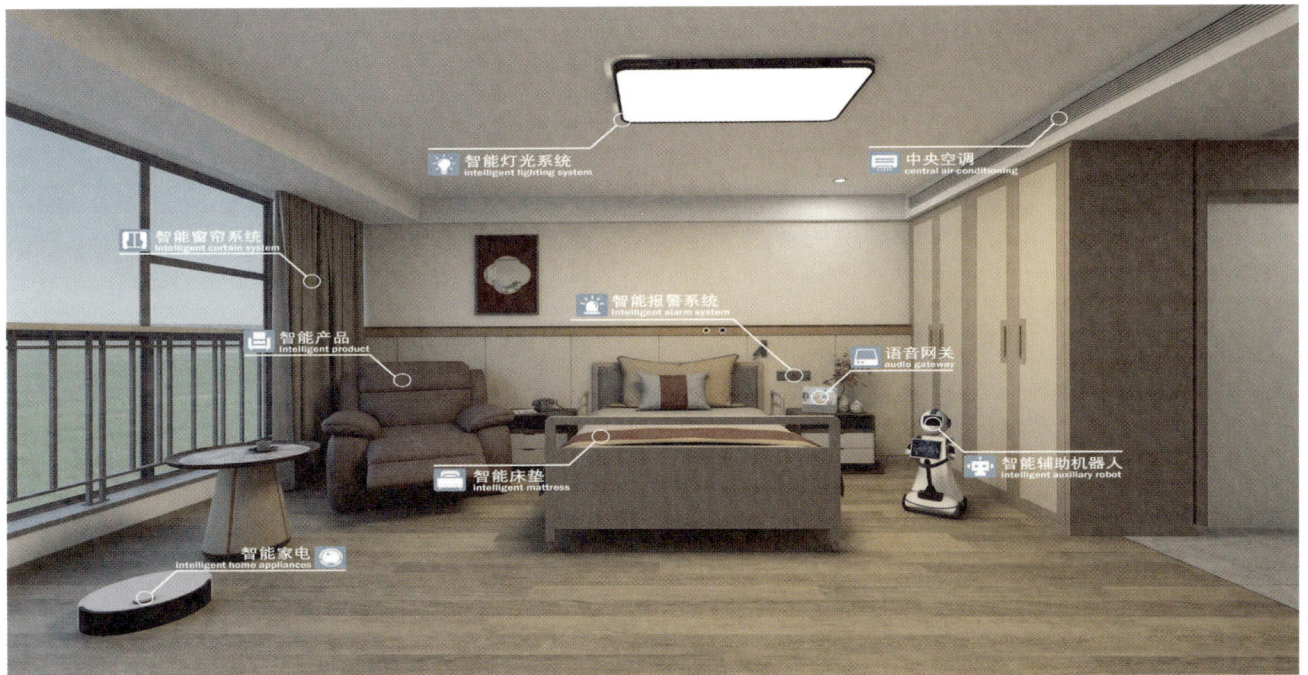

智能灯光系统
intelligent lighting system

中央空调
central air conditioning

智能窗帘系统
intelligent curtain system

智能产品
intelligent product

智能报警系统
intelligent alarm system

语音网关
audio gateway

智能床垫
intelligent mattress

智能辅助机器人
intelligent auxiliary robot

智能家电
intelligent home appliances

图 9-23 适老化智能安全家居

147

智能门锁
科技总控区
智能医药箱
SOS紧急呼叫
雷达跌倒监测

适老洗面台
零高差门槛
纳米无菌扶手
感应小夜灯

厨房
卫生间
客厅
卧室
晾晒区

6320
3050

图 9-24 一室一厅一卫户型，建筑面积约 56 m²

各居室设置紧急呼叫系统，
24小时安全保障

智能控制面板，
全方位打造科技颐养环境

9300
2450   3015   3835

卫生间
淋浴
厨房
餐厅
卧室1
卧室2
客厅
晾晒区

2200
5350
4050

3250   2700   3350
9300

图 9-25 二室二厅一卫户型，建筑面积约 82 m²

推拉门方便开启，
内设安全扶手，
地面防滑

智能控制面板，
全方位打造
科技颐养环境

门帘设计，
日常出入和
使用更方便安全

各居室设置
紧急呼叫系统，
24小时安全保障

图 9-26 三室二厅二卫户型，建筑面积约 117 m²

图 9-27 颐养城智慧康养平台

图 9-28 椿萱茂老年公寓建筑外观

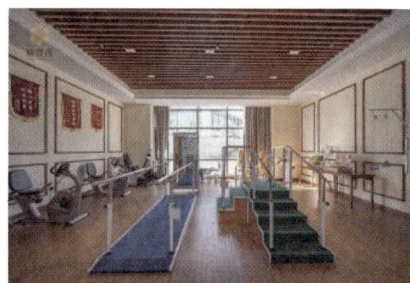

图 9-29 椿萱茂老年公寓公共活动空间

4. 广州椿萱茂老年公寓

广州科林路椿萱茂老年公寓是一家提供综合性养老照护服务的机构，旨在为老年人打造一个舒适且无忧的生活环境。该机构依据老年人的身体状况和自理能力，实施分区管理策略，设有独立生活区、护理区和失智照护区。椿萱茂老年公寓的总建筑面积接近 2 万平方米（见图 9-28），地理位置优越，交通便利，周围环绕着山地和公园，距离岐山公园、玉树公园、尖塔山公园等公园不远，这些公园为老年人提供了清新的空气和优美的自然环境，堪称理想的养生天堂。公寓附近还分布着多家三级甲等综合性医院，就医距离不超过 15 分钟车程，确保老年人能够方便快捷地获得医疗服务。此外，公寓内的配套设施包括阅览室、棋牌室、陶艺彩绘区、茶艺轩、水吧区、多功能活动室等（见图 9-29），全方位满足老年人社交和学习的需求，致力于打造高品质的养老生活。

椿萱茂与美国领先的养老服务运营商 Meridian 合作，引入了国际先进的认可疗法、音乐疗法、园艺疗法等失智照护方法，并结合中国文化的独特性，精心打造了专业化的失智照护解决方案——"忆路同行"。该方案的核心特色在于构建一个让失智老人感到亲切的生活场景，以帮助他们延缓记忆衰退（见图 9-30）。

同时，椿萱茂在借鉴国外成熟的养老模式的基础上，注重服务、运营和管理的专业化建设。椿萱茂致力于打造"乐享 365"服务体系，为高龄人士提供全面、高品质的生活服务，构建一个充满亲情的社区环境。通过个性化、专业化和科技化的服务，追求用户满意最大化，确保为老年人提供与国际接轨的专业照料。机构配备了专业的医疗团队，包括医生和护士，为入住的老年人建立全面的健康档案，并从风险预防、慢性病管理以及健康维护三个方面进行综合健康管理。通过监测老年人的日常健康数据，为他们提供专业的健康建议或及时的健康干预措施。

图 9-30 构建让失智老人感到亲切的生活场景，帮助延缓记忆衰退

图 9-31 多种房型可供选择，提供温馨整洁的居住环境

椿萱茂精心设计了多种房型，旨在满足老年人多样化的居住需求。房型包括双人间、单人间、小套间以及大套间，面积从 16 平方米至 77 平方米不等，无论老年人偏好宽敞的空间还是紧凑的空间，都能找到适宜的居所。每间房均设有宽敞的外延阳台，保证了充足的自然光照，使得老年人即便在室内也能沐浴在温暖的阳光之下。此外，房间内部设施完善，配备了桌椅、电视、空调等生活必需品以及紧急呼叫系统，确保老年人的家居生活既舒适又便捷（见图 9-31）。

此外，公寓室外环境同样令人赞叹，配备了花园、200 米的环形绿道以及迷你高尔夫球场。这些设施不仅美化了居住环境，还为老年人提供了休闲娱乐的场所，让他们在享受自然美景的同时，也能进行适度的运动，保持身心健康（见图 9-32）。

图 9-32 室外景观环境

图 9-33 泰安道城心社区养老公寓外观及室内布置

5. 大家的家·天津泰安道城心社区

位于天津市泰安道历史文化街区的"大家的家·天津泰安道城心社区"的前身是建于1934年的花园大楼。这座大楼是天津市文物保护单位，如今经过精心修缮，已"华丽变身"为一个高端养老社区，提供丰富多样的养老服务。社区的总建筑面积约为9000平方米，拥有近90间客房。在改造过程中，施工方最大限度地保留了这栋历史建筑的原有风格，旨在将其打造成为结合历史文物与现代养老设施的标杆社区，让居民在享受医疗服务的同时，也能体验文化的韵味。

泰安道城心社区养老公寓位于天津市和平区的中心地带，周围环绕着众多医疗、商业和旅游设施。为了传承城市的历史与文化，施工方在修缮该公寓的过程中对原始建筑的结构体系进行了深入的调查研究，并依照古建筑的修缮标准进行了细致的修复工作。在保留花园大楼原有风貌方面，施工方也投入了大量精力，恢复了出入口的古典建筑风貌，并在内部完整地保留了中庭的设计，通过对井格深顶、精美浮雕等细节的精心复原，重现了古典天花工艺的精髓，就连公寓中的一些家具也拥有近百年历史。同时，施工方在不改变建筑主体结构和隔墙布局的前提下，对外立面进行了复原，并优化了楼体内部房间的布局与功能，增设了医疗服务中心、餐厅、阅览室等多功能区域，并配备了扶手、报警器等适老化设施。这些举措让入住的老人不仅能够重温童年的美好记忆，还能感受历史与文化的魅力。当阳光洒入这座古老的建筑时，温暖与怀旧的气息便弥漫在每一个角落。（见图9-33至图9-35）

泰安道城心社区致力于构建一个包含"医疗、护理、康复、康乐、膳食、安居"六大领域的综合养老服务体系，旨在提供多层次、差异化的养老产品和服务。社区的亮点之一是医养结合的模式。通过与微医医院的战略合作，泰安道城心社区在高端体检、健康管理、就医绿色通道等方面实现了医养深度融合。依托国际先进的数字健康平台，社区全面满足了入住老人的多样化医疗需求，有效解决了他们的后顾之忧。

泰安道城心社区欢迎"自理（独立生活）、半失能（辅助生活）、失能（长期照护）"的老年人入住，为他们提供全方位的康养服务。康复服务体系基于国际先进的康复理念，旨在实现"身体可感、肉眼可见、数据可追踪"的机能改善目标，为老年人提供全面的康复治疗方案，包括基础康复服务以及心肺、神经、骨科等专业康复服务。社区针对老年人在不同身体状态下的照护需求，以精准评估为前提，提供安宁护理、专属管家、生活照护、认知症照护、恢复性护理、慢病护理等六大护理服务，以满足老

图9-34 大家的家·天津泰安道城心社区养老公寓外观

图 9-35 养老公寓中庭

年人的多元需求。

在膳食方面，社区注重食材搭配的合理性，根据季节变化采用不同的食材组合，并针对老年人的不同健康状况，科学设计营养均衡的食谱。社区遵循"安全保障、营养多样、美味养生、功能膳食"四个原则，为老年人提供科学合理的膳食服务。

而在居住环境方面，泰安道城心社区养老公寓的房间设计融合了传统英式风格与中国元素，创造出中西合璧的居室空间。社区还研发了多种品质房型，并采用统一标准的专业适老化安居体系，以满足不同老年人的需求（见图 9-36）。

图 9-36 居住房间融合了传统英式风格与中国元素，采用标准的适老化安居体系

篮球场

生态农场

健身场

四季花海

羽毛球场

瀑布、栈道

怡心园

1 商业中心

2 滇池康悦医院

3 滇池老年大学

4 幼儿园

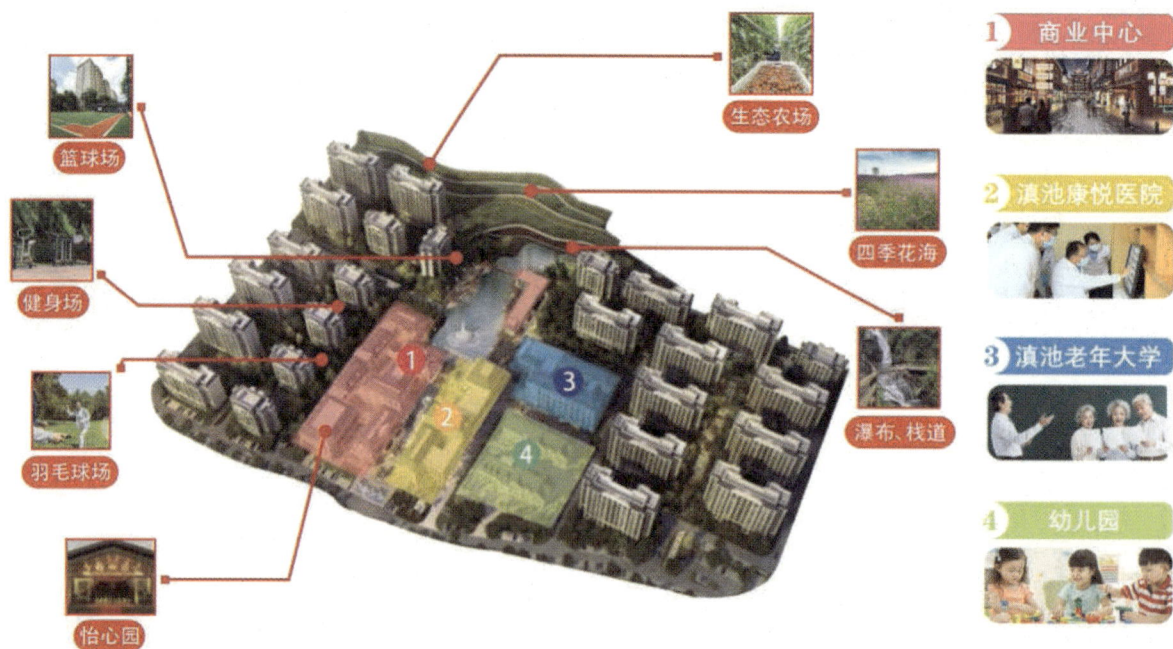

图 9-37 古滇康养园整体规划布局

6. 昆明滇池国际养生养老度假区古滇康养园

七彩云南·古滇名城位于云南省昆明市滇池南岸，占地面积达 16000 亩（1 亩 =666.67 平方米），是一个集文化体验、旅游观光、休闲养生、商务会展、娱乐、办公等多种功能于一体的大型文化旅游城市综合体。该综合体涵盖古滇文化核心区、民族与民俗文化的展示区、生态景观示范区、现代旅游服务配套区、古滇康养园、七彩云南·欢乐世界主题乐园、民生工程示范区以及新昆明南城核心区等八大主题规划区域。古滇康养园坐落于七彩云南·古滇名城的中心区域，占地面积达 220 万平方米，坐拥 3800 亩高原湖泊与翠绿山峦。规划布局中，古滇康养园配备了完善的适老化设施、服务设施、医疗卫生设施和文化设施，服务内容覆盖了生活照料、精神慰藉、文化娱乐以及护理康复等，是一个集自理型、介护型、介助型养老服务于一体的国际化度假养老社区（见图 9-37、图 9-38）。

古滇康养园内设立了滇池康悦医院，包含门诊和住院部，配备了 CT、超声等尖端医疗设备（见图 9-39）。医院已接入省市医保及异地医保系统，成为一家集预防、治疗、护理、康复、急救、保健和体检服务于一体的综合性医疗机构，实现了"小病慢病无须外出，大病急病可迅速就医"的理想医疗环境。康复中心设有 5 个独立的康复治疗室，并配备了国内外先进的康复治疗设备，以神经康复、老年康复、骨科康复、疼痛康复、中医康复为特色，能够满足患者不同层次的康复需求。古滇康养园的照护中心以失能、半失能、失智老人的照护需求为核心，为长期卧床患者、慢性病患者、生活不能自理的老年人以及其他需要长期护理服务的患者提供医疗护理、康复促进、临终关怀等服务。

图 9-38 集多种功能于一体的大型文化旅游城市综合体七彩云南·古滇名城

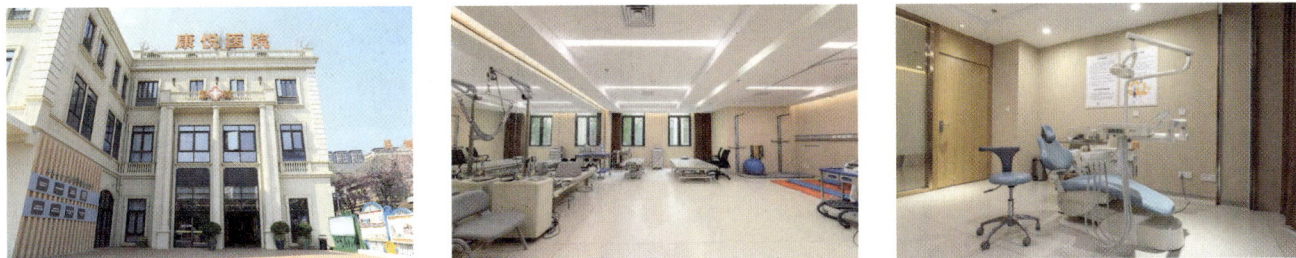

图 9-39 滇池康悦医院

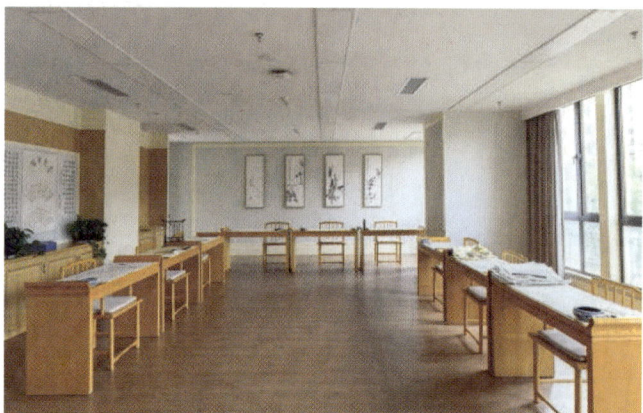

图 9-40 滇池老年大学

滇池老年大学配备了完善的设施设备，所有教室都面积宽敞且采光良好，内部设有俱乐部、小剧场、图书馆、健身房、乒乓球室、桌球室、IT 教室、手工教室、国艺坊、书法教室、西洋画教室、舞蹈教室、声乐教室、乐器教室等，各种功能区和娱乐休闲设施一应俱全，能够同时容纳 500 多人进行各类活动（见图 9-40）。这里已经成为老年人日常生活中不可或缺的休息、娱乐和社交场所。

长者食堂融合了传统食疗养生与现代营养学，依据老年人的生理特征和营养需求，精心设计营养均衡的餐品并采用科学方法烹制，旨在助力老年群体培养科学而健康的饮食习惯。此外，老年人能够自由挑选康养园内的不同餐厅，包括美食广场、怡心园、麦当劳以及半山健康会所等，以满足自己的口味和需求（见图 9-41）。

古滇康养园为老年人精心打造了一个温馨的家园，其拥有 869 套精装修的公寓，每套面积为 85 平方米。这些公寓均设有两室两厅一厨一卫，既宽敞又具有私密性，可满足老年人的生活需求。老人们可以根据个人喜好，在中式和西式两种装修风格中做出选择。公寓内配备了全套家具家电，包括冰箱、空调、电视、洗衣机等，为老年人营造便捷的生活环境。公共区域的设计充分考虑了老年人的特殊需求，所有公共过道都使用了防滑地砖，公寓的出入口和走廊除设置台阶外，还特别增设了轮椅坡道和扶手，以方便老年人安全地上下楼梯（见图 9-42、图 9-43）。

图 9-41 康养园内的不同餐厅

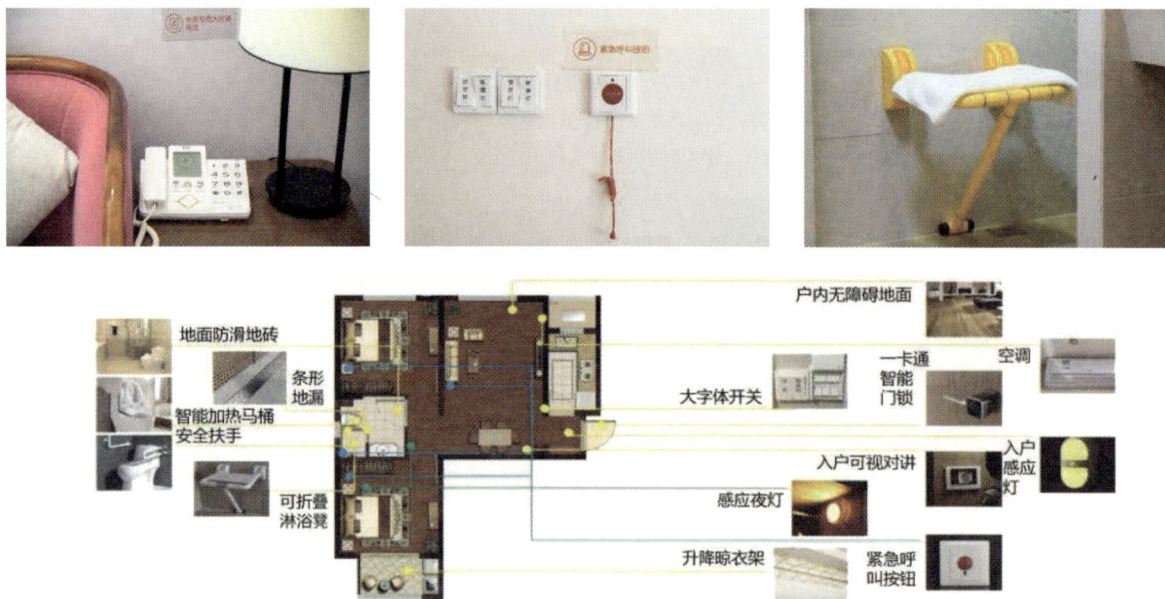

图 9-42 适老化居住空间设计

户内无障碍地面
地面防滑地砖
条形地漏
一卡通智能门锁
空调
大字体开关
智能加热马桶安全扶手
可折叠淋浴凳
入户可视对讲
入户感应灯
感应夜灯
升降晾衣架
紧急呼叫按钮

图 9-43 公寓内家具家电配备齐全，为老年人提供温馨的生活环境

162

公寓配备的健康服务中心由专业的护理人员组成，为老年人提供从日常生活照料到疾病护理的全方位规范服务。此外，健康服务中心还提供紧急呼叫服务和全天候24小时值守服务，确保老年人无须为日常琐事担忧，能够全心享受生活的美好（见图9-44）。

图 9-44 专业护理人员全天候为长者提供全方位服务

图 9-45 镰仓碧邸区位景观

图 9-46 镰仓碧邸建筑外观

（二）国外适老化服务系统设计实践

1. 日本——镰仓碧邸

可眺望富士山雄伟身姿的稻村崎拥有温暖的气候，可以近距离感受古都文化，自古以来就是被描绘在浮世绘中的风景名胜区。

位于稻村崎的"镰仓碧邸"是一幢 3 层建筑，可眺望眼前广阔的大海和远方的富士山（见图 9-45、图 9-46），拥有四季分明的丰富自然景观，共有 26 个房间，是一所处处体现 Benesse 护理公司风格的收费型养老院（见图 9-47）。

为了创造开发价值，从企划初期开始，作为运营方的 Benesse 护理公司就参与了设计过程，灵活运用模式和语言，了解最终"入住者"的生活。另外，在开设前的阶段，将环境中的色彩、图像语言也纳入了设计范围，谋求建筑、环境与服务的一体感。

Benesse 护理公司的目标并不是单纯地刺激消费，而是将养老院作为历经岁月也能增加魅力的"家"，探索老年人设施的合理存在方式。

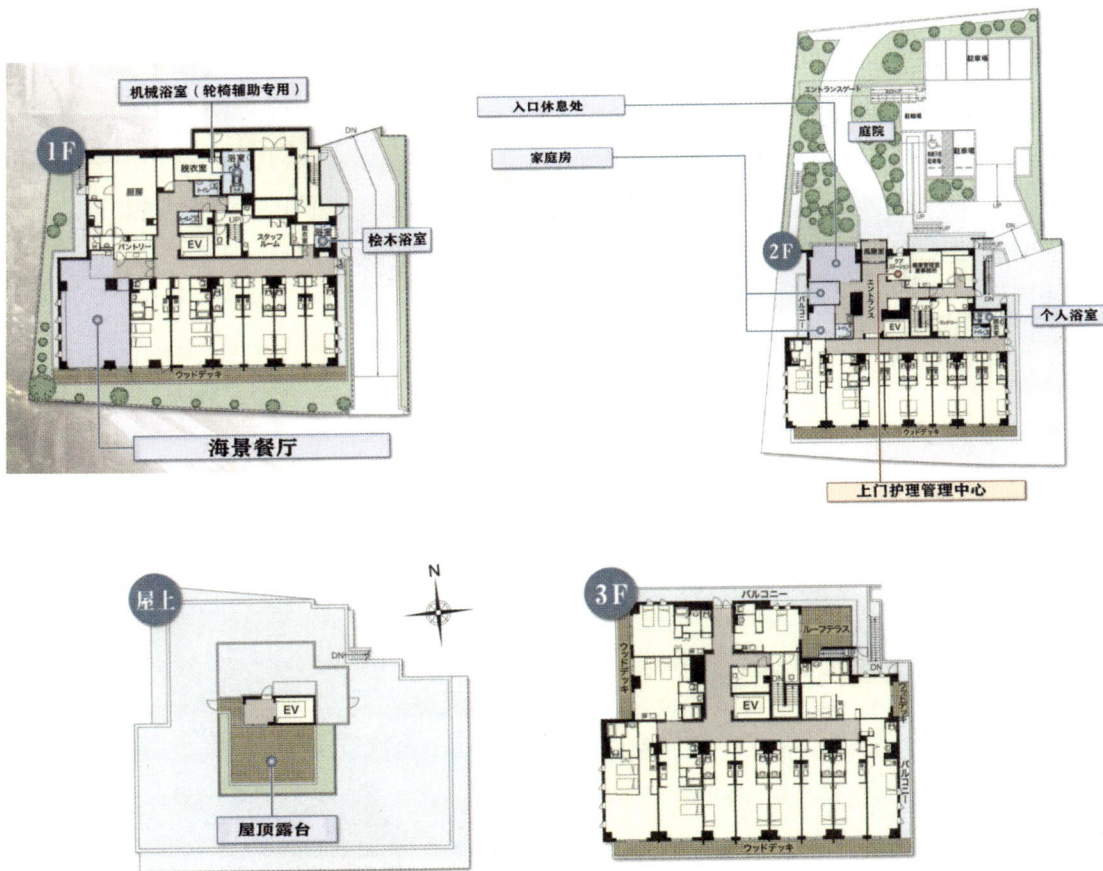

图 9-47 镰仓碧邸各层平面图

图 9-48 镰仓碧邸 B5 型房间

图 9-49 镰仓碧邸 A3 型房间

图 9-50 镰仓碧邸 B2 型房间

B5 型房间（60.6 m²）：60 平方米以上的转角房间，具有独立于起居室的卧室、单间浴室和迷你厨房，配有地暖和护士呼叫设备，是适合两人居住的宽松的房间（见图 9-48）。

A3 型房间（30 m²）：三楼靠海的房间，可以一边眺望大海一边休息室内光线明亮，让人感到放松（见图 9-49）。

B2 型房间（40 m²）：具备单元浴室、迷你厨房的适合独居的房间，可以自由摆放自己常用的家具（见图 9-50）。

值得一提的是，养老院根据老年人的身体状况准备了 3 种不同的浴室：享受木头的香味和手感的桧木浴室、轮椅乘坐者也能安心使用的机械浴室，以及标准个人浴室（见图 9-51）。

桧木浴室

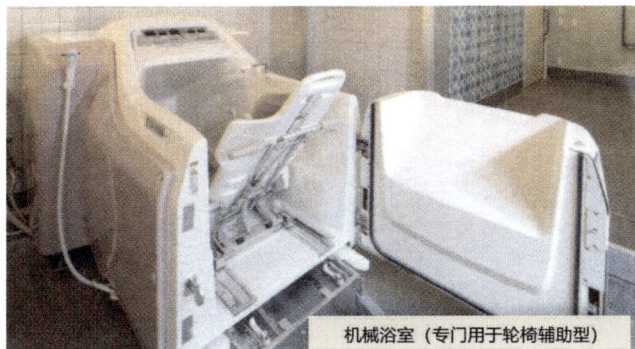

机械浴室（专门用于轮椅辅助型）

标准个人浴室

图 9-51 镰仓碧邸配套浴室

图 9-52 建筑外观

2. 日本——Maihama Club

Maihama Club 的拱门、柱子、柔和的配色和大窗户，让它看起来像一座庄严的欧洲豪宅（见图9-52）。这家养老院是由一位瑞典企业家建造的，这位企业家于20世纪90年代移居日本。

Maihama Club 是一家高端养老院，为那些追求生活质量并愿意为此付费的人提供服务。这家高端养老院于2003年开业，提供认知障碍老年人日间照护服务、短期住宿服务等，并设有培训中心和诊所（见图9-53）。其房型丰富，可以根据需求进行选择（见图9-54至图9-56），且公共空间配备了完善的设施以满足老年人的日常活动需求（见图9-57、图9-58）。

该养老院有以下几大特征：

①采用世界卫生组织（WHO）提出的缓和医疗理念；

②在现场实践认知障碍护理理念和手法；

③建立联络员制度，为老年人提供个别关怀；

④设有自主经营的餐厅，为用户提供美味的饭菜；

⑤通过24小时看护体制加强与医疗机构的合作。

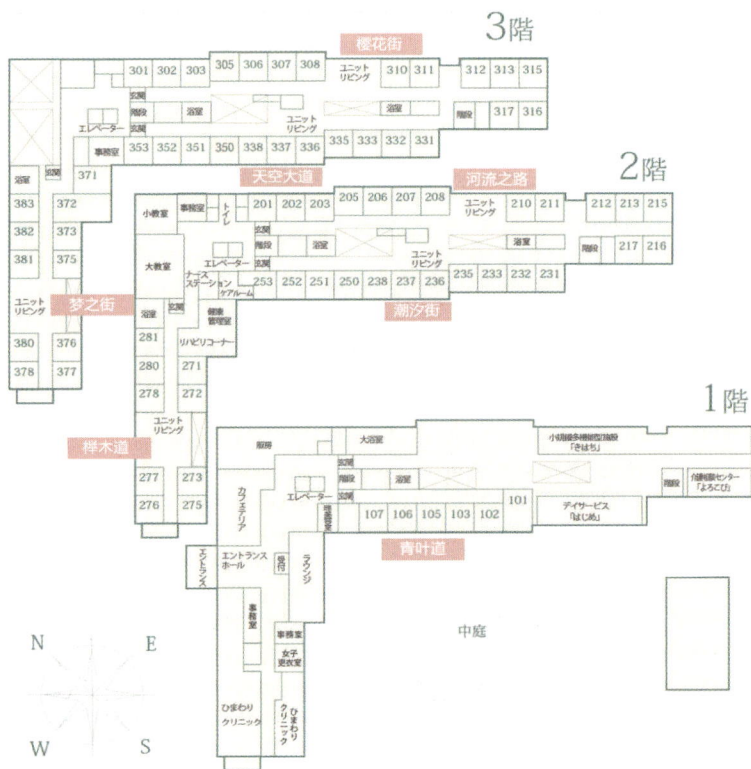

图9-53 建筑各层平面图

图9-54 标准房型室内平面

图 9-55 标准双人间实景

图 9-56 标准单人间实景

图 9-57 公共区域

图 9-58 会客厅

图 9-59 建筑外观

图 9-60 养老院园区整体平面图

3. 美国——普罗旺斯公园养老院

普罗旺斯公园养老院是一个拥有老年辅助生活系统和精湛护理技术的社区型养老机构，为圣路易斯地区的老年人提供服务，并为阿尔茨海默病患者提供特别护理（见图9-59）。

普罗旺斯公园养老院旨在通过改善并提高患者的身体状态和认知能力来提升患者晚年的生活质量。其员工为经过医学培训的专业人员，可提供卓越的护理服务。

普罗旺斯公园养老院在建筑规划、室内空间和室外环境上，无不经过精心设计，从而营造温暖、私密的生活环境。养老院整体采用典雅的维多利亚式住宅风格，由五个独立且相互联系的建筑单元组成（见图9-60），每个单元都有自己的厨房、餐厅、起居室和阳光房（见图9-61）。走出廊道就是后院——一个美丽的花园，给老年人提供了一个可以与大自然亲密接触的安全舒适的场所（见图9-62）。

在普罗旺斯公园养老院中，每个老年人都可以进入中央活动区，该区域设置了小酒馆、大厅、画廊、图书

Overview of a Residential Household

图 9-61 养老院独栋建筑平面图

173

图 9-62 养老院室外景观

图 9-63 室内公共区域 1

室、私人餐厅和台球室等，为老年人提供多样化的服务。养老院单元设计中包括明亮宽敞的厨房、舒适的客厅、优雅的餐厅、私人洗衣房、古朴的后廊和漂亮的室外庭院，先进的安全系统使老年人能够在郁郁葱葱的花园、庭院和室内公共区域自由且安全地活动（见图 9-63、图 9-64）。

每个老年人的套房均根据其需求量身打造。在温暖而典雅的套房中布置有色彩协调的床罩、典雅的窗饰、毛绒地毯和墙纸（见图 9-65），每间套房还安装了 24 小时紧急响应系统，使老年人可随时获得服务。

图 9-64 室内公共区域 2

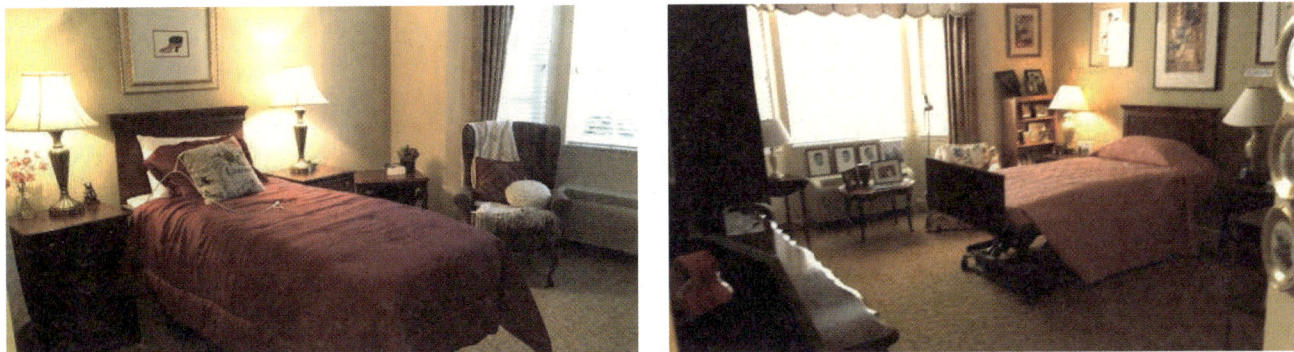

图 9-65 套房室内实拍

图 9-66 养老院建筑外观

图 9-67 养老院庭院景观

4. 瑞典 ——Danvikshem 养老院

Danvikshem 养老院位于波罗的海出海口，兴建于 1914 年，外观类似城堡，原型是一家医院（见图 9-66、图 9-67）。Danvikshem 养老院由瑞典开国国王古斯塔夫·瓦萨建立的非营利性基金会运营，秉承以人为本的理念，提供团队服务。

以人为本：基于对完整的人以及个人看法的尊重，不仅帮助老年人改善身体健康状况，还帮助其缓解焦虑、抑郁、暴躁等负面心理情绪，并为老年人及其亲属提供参与医疗决策和共同决定护理方案的机会。

团队服务：护理团队由不同的专业人员组成，包括护工、护士、康复师、理疗师、医生等。

此外，养老院为员工提供了安全可靠的工作环境，并让员工参与工作环境的建设与改进。

除了基本的医疗护理服务外，养老院还配有专业的理疗师，负责老年人每天的康复训练，同时参与养老院跳操活动的设计。口腔执业医师可以提供除种植牙、口腔整形外的口腔医疗服务。养老院内还有能容纳 300 人的教堂，定期举办音乐会（见图 9-68），其公共区域配套设施（图 9-69）也很齐全。

图 9-68 教堂

除此之外，养老院还额外设置了怀旧屋和感知屋。

怀旧屋：设立怀旧屋的目的是唤起老年人对旧时光的记忆，让老年人触摸到旧时物件、听到旧时音乐、闻到熟悉的味道，有助于认知障碍老年人的康复以及员工或亲属与认知障碍老年人的交流。屋内有家具、玩具、工具箱、洗衣机等，包括一些 20 世纪的物件（见图 9-70）。最具特色的是连接到 Google Earth 的自行车，让老年人足不出户就可骑自行车环游世界。

感知屋：感知屋有助于刺激老年人的感官，内有音乐床、刺激触觉的扶手椅等，还设置了灯光效果（见图9-71）。

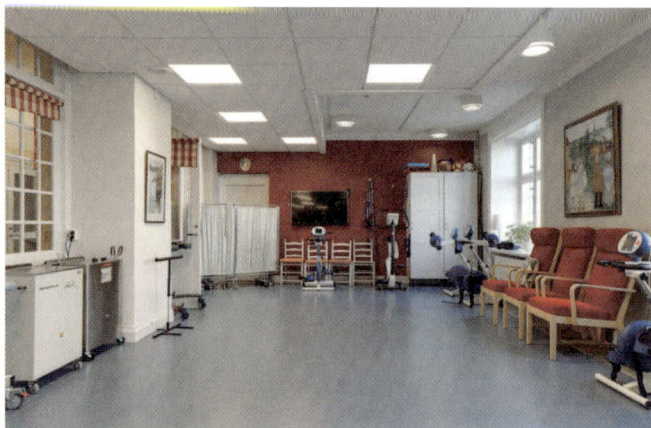

图 9-69 公共区域配套设施

图 9-70 怀旧屋

图 9-71 感知屋

图 9-72 建筑外观

5. 新加坡 —— Kampung Admiralty 社区综合体

Kampung Admiralty 社区综合体（海军部村项目）是由新加坡建屋局开发的将公共设施和服务融为一体的综合公共组屋项目，同时也是一个应对新加坡人口老龄化趋势的老年人社区，只有 55 岁以上的老年人才允许申请入住（见图 9-72）。Kampung Admiralty 社区综合体将大量公共设施集中在一栋建筑内，建筑师解释说："传统方法是让每个政府机构分割出自己的土地，从而形成几个独立的建筑，另一方面，这个一站式综合体最大限度地利用土地，是满足新加坡人口老龄化需求的模型范本。"由于场地紧张，WOHA 设计了一个由三个"地层"组成的多样化的垂直村庄（见图 9-73）。下层可容纳一个社区广场，上面有一个医疗中心，最上面的楼层设有一个社区公园，为老年人提供住宿（见图 9-74 至图 9-76）。

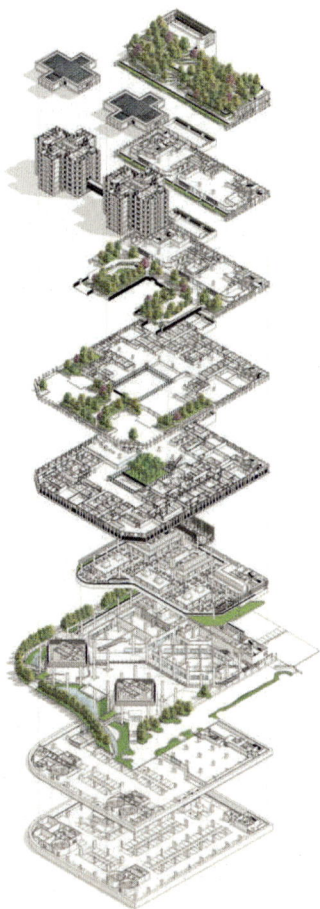

图 9-73 建筑爆炸图

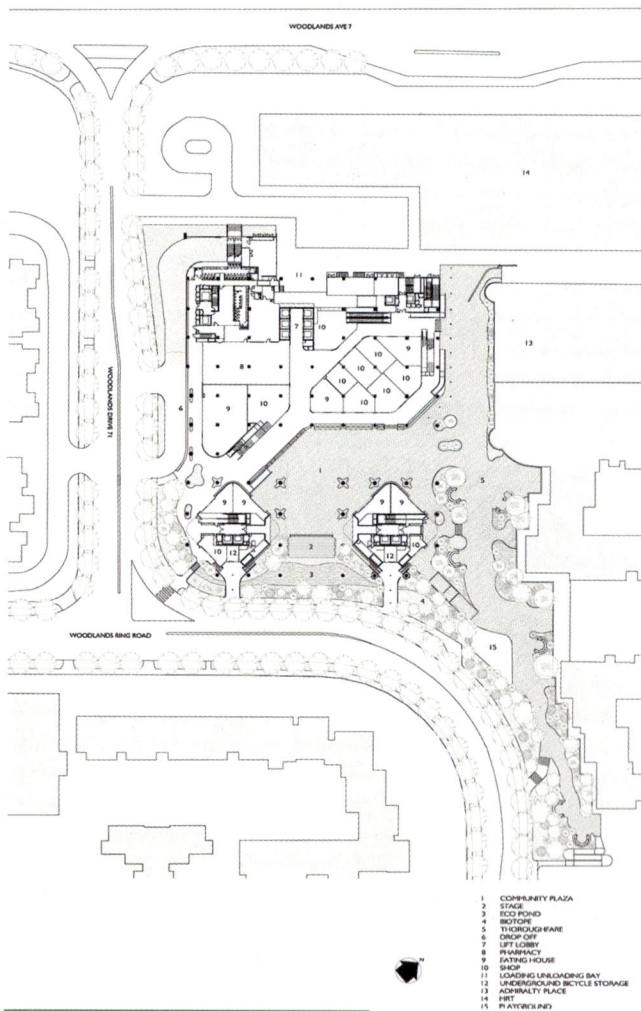

图 9-74 建筑一层平面图

图 9-75 建筑剖面图

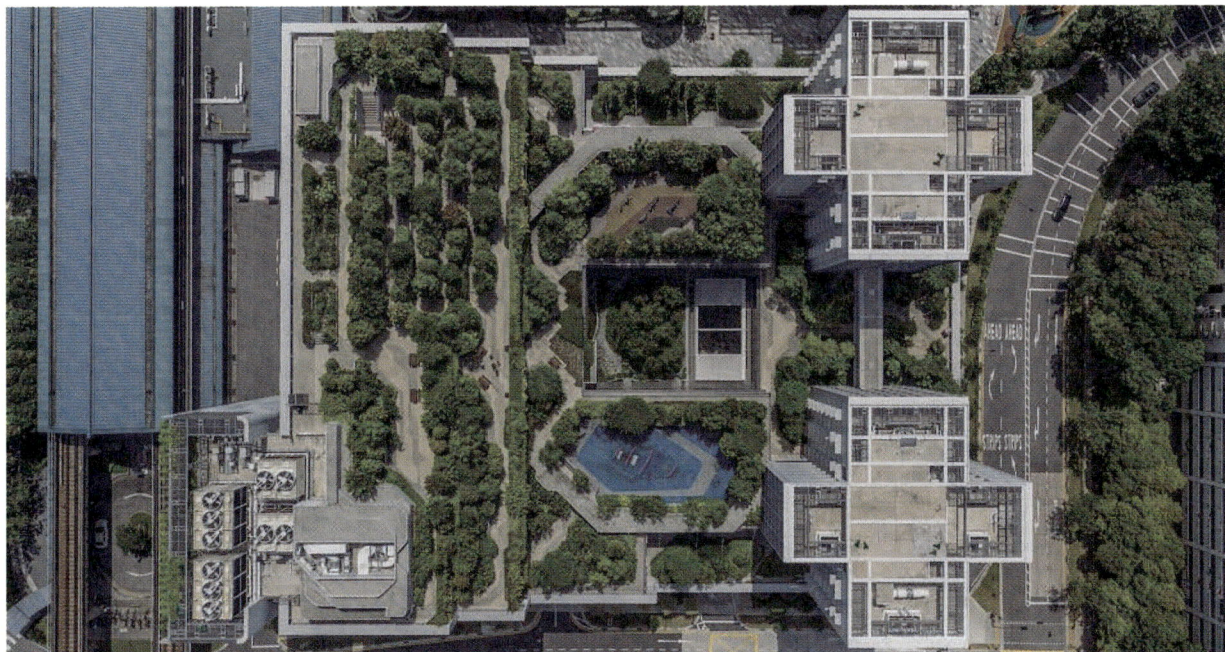

图 9-76 建筑鸟瞰图

这三个不同层面的空间囊括了各种建筑功能，以促进功能空间之间的交叉性和多样性，同时将地面空间留给大众，方便其进行各种活动。这种设计概念拉近了医疗健康、社交活动、商业和其他便利设施之间的距离，加强了多代人之间的联系，促进积极老龄化。

上层的社区公园除了拥有梯田绿化景观，还是开放的社区农场、社区活动中心，其间布置了长椅、健身器材等设施，为老人们提供了一个社交场所，老人们可以来这里锻炼、聊天，或者打理花草（见图9-77）。

中层的医疗中心是养老社区的标配内容（见图9-78）。在Kampung Admiralty中设置一个医疗中心意味着居民不再需要专门去医院看病，也不用因为时间和距离的原因被迫进行日间手术。为了促进医疗健康服务，医疗中心的咨询区和等候区采用自然采光，阳光透过四周的窗户和中庭照进室内，为患者提供了一个舒适的环境。医疗中心围绕着中心庭院，提供了舒缓的绿色景观视野。

底层的社区广场是一个公共区域，居民可以在这里组织活动（见图9-79）。

图 9-77 上层社区公园

图 9-78 医疗中心

图 9-79 公共区域，活动广场

二、促进社会共融的适老化服务系统
愿景与未来发展趋势

随着全球人口老龄化的加速，构建一个既重视老年人的尊严与价值，又高度融合现代科技与社会关怀的适老化服务系统，已成为时代赋予我们的重要使命。这一系统不仅应致力于满足老年人日益增长的健康照护、精神慰藉及社交需求，更应强调通过智能化、个性化的适老化服务设计，打破年龄界限，促进不同年龄段人群之间的交流与理解，实现真正的社会共融。

未来，适老化服务系统将深度融合大数据、人工智能、物联网等前沿技术，为老年人提供更加精准、便捷的服务。从利用智能穿戴设备监测老年人健康状况，到借助远程医疗平台减少就医不便；从利用智能家居系统提升生活便利性，到借助社区服务平台促进邻里互助与交流活动，每一项技术的应用都将深刻改变老年人的生活方式，让他们的晚年生活更加丰富多彩、安全舒适。

同时，我们期待看到更多政策制定者、企业、社会组织及公众共同参与，形成合力，推动适老化服务体系的不断完善与创新。通过加强跨领域合作，探索多元化服务模式，如"时间银行"等互助养老模式，以及鼓励老年人参与社会经济发展的"银发经济"策略，进一步激发老年人的社会活力与创造力，让老年人在享受服务的同时，也能成为社会发展的积极贡献者。

最终，我们追求的不仅是技术层面的进步，更是社会文化的深刻变革，让尊老、爱老、助老成为全社会的共识与行动，共同绘制一幅和谐共融、老有所养、老有所乐的美好图景。这不仅是对老年群体的关怀与尊重，更是对未来社会可持续发展的深远布局。

参考文献

[1] 左美云 . 智慧养老：服务与运营 [M]. 北京：清华大学出版社，2022.

[2] 周燕珉 . 老年住宅 [M].2 版 . 北京：中国建筑工业出版社，2018.

[3] 罗仕鉴，邹文茵 . 服务设计研究现状与进展 [J]. 包装工程，2018,39(24):43-53.

[4] 姜松荣 . "第四条原则"——设计伦理研究 [J]. 伦理学研究，2009(02):57-62.

[5] 吴萍，彭亚丽，适老化创新设计 [M]. 北京：化学工业出版社，2022.

[6] 高云鹏，胡军生，肖健 . 老年心理学 [M]. 北京：北京大学出版社，2013.

[7] 刘娜，曹盛盛 . 老龄化背景下的体感交互容错设计路径研究 [J]. 设计，2024,37(08):130-133.

[8] 王萌，胡永胜，郭虹 . 基于情感需求的老年人室内空间环境分析 [J]. 设计，2022,35(11):79-81.

[9] 唐纳德·诺曼 . 设计心理学 [M]. 梅琼，译 . 北京：中信出版社,2010.

[10] 维克托·雷尼尔 . 老龄化时代的居住环境设计——协助生活设施的创新实践 .[M].秦岭，陈瑜，郑远伟，译 . 北京：中国建筑工业出版社，2019.

[11] 唐文，余韵 . 老年教育的数字人文创新与转型设计研究 [J]. 老龄化研究,2024（05）：2123-2137.

[12] 李广栋，基于移动端的适老化界面交互设计研究 [J]. 吉林艺术学院学报，2024(01):58-63.

[13] 周燕珉，李佳婧 . 失智老人护理机构疗愈性空间环境设计研究 [J]. 建筑学报，2018(02)：67-73.

[14] 李芷钰，徐佳轶，聂茜 . 老年人就医陪伴 App 界面设计研究 [J]. 中国艺术，2023(01):72-78.

[15] 隋涌 . 互联网产品 (Web\ 移动 Web\APP) 视觉设计（风格篇）[M]. 北京：清华大学出版社，2015.

[16] 王杰 . 数字社会的适老化支持体系建设 [M]. 北京：电子工业出版社，2023.

[17] 阿摩斯·拉普卜特 . 建成环境的意义：非言语表达方法 [M]. 黄兰谷，译 . 北京：中国建筑工业出版社，2003.

[18] 中国信息通信研究院，中国互联网协会 . 数字惠民：互联网应用适老化及无障碍实践优秀案例集 [M]. 北京：人民邮电出版社，2023.

[19] 唐文，张琰琰 . "长寿"设计——智能型适老空间设计新形态 [J]. 设计艺术研究，2023,13(04)：93-97.

[20] 汪丽君，刘荣伶，孙旭阳，城市小微公共空间情感化设计与适老化研究 [M]. 武汉：华中科技大学出版社，2023.

[21] 张琰琰，高志彤，唐文 . 基于老年人情感需求的养老院空间改造设计研究——以武汉市养老院空间改造设计为例 [J]. 设计，2023，36（15）：46-49.

[22] 欧阳虹彬 . 老龄化背景下养老机构配置——基于弹性城市理论视角 [M]. 北京：中国建筑工业出版社，2021.

[23] 梁宇琪，唐文 . 价值·理论·体系：中国式现代化进程的双碳型养老 [J]. 老龄化研究,2024(05):2001-2010.

[24] 理查德·韦斯顿 . 材料、形式和建筑 [M]. 范肃宁，陈佳良，译 . 北京：中国水利水电出版社,2005.

[25] 艾维·弗雷德曼 . 适应性住宅 [M]. 赵英，黄倩，译 . 南京：江苏科学技术出版社，2004.

[26] 卫大可，段性快 . 基于 VR 实验的老年人照料设施交通空间寻路绩效研究 [J]. 建筑学报，2023(S2)：88-93.

[27] 周燕珉 . 老年人对房间功能布局的需求 [N]. 中国房地产报，2013.

[28] 丁英顺 . 日本人口老龄化与老年人力资源开发 [M]. 北京：中国社会科学出版社，2016.

[29] 智能城市编辑部 . 国务院印发"十三五"国家老龄事业发展规划 [J]. 上海集体经济，2017（02）：47.

[30] 罗伯特·费尔德曼 . 发展心理学：人的毕生发展 [M].4 版 . 苏彦捷，译 . 北京：世界图书出版公司，2007.